Tous nos ouvrages sont disponibles aux

Éditions Decoopman
Ferrières
30440 Saint-Laurent-le-Minier
Tel : +33 (0)4.67.73.90.95
web : www.decoopman.com
e.mail : editions@decoopman.com

Olivier Lacaux
Jean Castanier

I.S.B.*AV.* : 978-2-917254-22-6

Dépot légal : Octobre 2010

Ouvrages parus
dans la même collection :

- *Des mécanismes élémentaires* - L. E. Loche
- *Traité pratique des engrenages* - L. Wève
- *Distribution de la vapeur* - M. Castelnau
- *Fabriquer des moteurs Stirling* - A. Ross
- *Moteurs* - Tome 1 et 2 - Max de Nansouty
- *Moteurs & Gazogènes* – L. Letombe
- *L'Artillerie moderne de monde industriel)* – L. Huard
- *La Marine de guerre de monde industriel)* – L. Huard
- *Locomotive & Chemin de Fer* – L. Figuier
- *Engrenages & Transmissions* – G. Franche
- *La machine locomotive* – E. Sauvage
- *Gouvernails à vapeur FARCOT* – J. Farcot
- *Les bateaux à vapeur* – L. Figuier
- *Les Locomobiles* – L. Figuier
- *La machine à vapeur T1* – E. Sauvage
- *La machine à vapeur T2* – E. Sauvage
- *Manuel du moteur Stirling pour le modéliste* – D. Lyonnet
- *Les chemins de fer* – A. Guillemin
- *Tiroirs et distributeurs de vapeur* – A. Madamet
- *La Marine de guerre – A. Sauvaire–Jourdan*
- *L'A.B.C. du Chauffeur* – H. Mathieu
- *La navigation sous–marine* – G.L. Pesce
- *Histoire de la machine à vapeur* – R.H. Thurston
- *Les paquebots à grande vitesse* – M. Dumoulin
- *Les Moteurs* – H. de Graffigny
- *Les Torpilles* – E. Hennebert
- *507 Mouvements mécaniques* – H. Brown
- *Les Machines* – E. Collignon
- *La Vapeur* – A. Guillemin

TIROIRS ET DISTRIBUTEURS DE VAPEUR

Albert MADAMET

1899

– CHAPITRE I –

Tiroirs et distributeurs de vapeur

But des tiroirs

Le mouvement alternatif d'un piston dans un cylindre à vapeur peut, comme on le sait, être obtenu au moyen de quatre robinets ou de quatre soupapes placés aux extrémités de ce dernier et ouverts ou fermés aux moments voulus. Ce dispositif est celui auquel Watt a eu recours et, dans ces derniers temps, son usage est redevenu fréquent, principalement pour les appareils munis de distributeurs à déclics suivant le type Corliss et ses nombreux dérivés; mais l'organe le plus employé pour la distribution de la vapeur est le tiroir.

Nous nous occuperons d'abord de ce dernier et nous étudierons ensuite les autres genres de distributeurs.

Les tiroirs ont pour but de régler l'entrée de la vapeur dans le cylindre et sa sortie.

Nous supposerons d'abord, dans l'étude que nous allons faire, que c'est le même organe qui est chargé de remplir ces deux fonctions, et qu'il est animé d'un mouvement rectiligne alternatif imprimé par exemple par un excentrique, ou par une bielle et une manivelle, ou enfin par tout autre mécanisme approprié.

Il existe un nombre considérable de variétés de tiroirs, mais on peut les diviser en deux grandes classes : 1° ceux à coquille, 2° ceux en D ; nous allons d'abord nous occuper des premiers.

Tiroirs à coquille - Leur mode de fonctionnement

Les tiroirs à coquille ont la forme indiquée en perspective par la fig. 1 ; c'est une sorte de boîte ou coquille en fonte dont deux côtés portent de larges rebords appelés *plaques frottantes ou barrettes*. Ces dernières sont parfaitement planes de façon à s'appliquer très exactement contre la table ou glace du cylindre[1] ; pour obtenir ce résultat on a soin, après avoir parfaitement raboté ces deux surfaces, de les roder l'une sur l'autre. Les dimensions des plaques frottantes dans le sens de la tige du tiroir, c'est-à-dire AC et BD s'appellent les *hauteurs des barrettes* ; la dimension perpendiculaire porte le nom de *longueur*.

Fig. 1

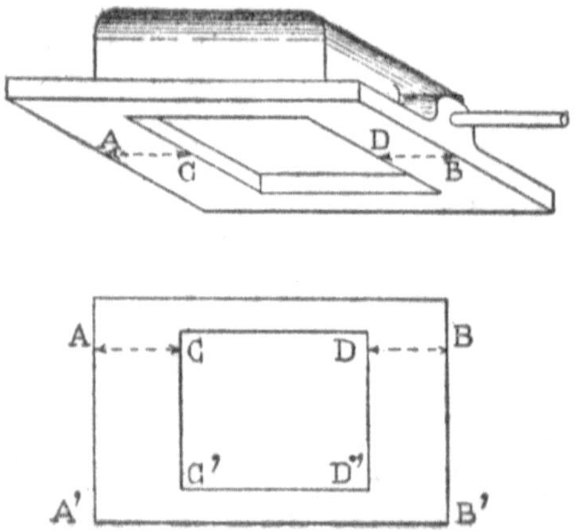

Le tiroir est contenu dans une enveloppe fermée appliquée sur le cylindre et appelée boîte à tiroir ; c'est généralement dans celle-ci que vient déboucher le tuyau d'arrivée de vapeur QQ'(fig.2), tandis que le tuyau d'évacuation part du conduit EH du cylindre[2]. Par suite de ces dispositions, la vapeur venant de la chaudière exerce une forte pression sur la surface supérieure du tiroir tandis que la cavité intérieure UV n'est soumise qu'à la pression, bien inférieure, qui existe dans l'atmosphère ou au condenseur ; en vertu de cette différence de forces élastiques, le tiroir est solidement appliqué sur la glace du cylindre et il y a étanchéité si les deux surfaces sont planes.

Il est facile de comprendre comment un mouvement rectiligne alternatif imprimé au tiroir produit le même effet que l'ouverture et la fermeture des quatre robinets ou soupapes dont il a été question tout à l'heure : supposons par exemple que le piston soit au bas de sa course et qu'on fasse occuper

1 On fait aussi quelquefois usage de surfaces de contact cylindriques au lieu de surfaces planes, comme nous aurons l'occasion de le voir plus loin.

2 Quelquefois cependant ce conduit d'évacuation n'existe pas et le tuyau correspondant aboutit, comme celui d'arrivée de vapeur, directement dans la boîte à tiroir.

Fig. 2

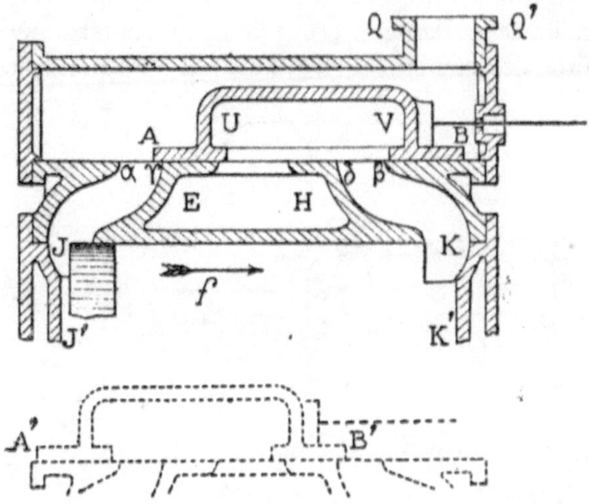

au tiroir la position AB indiquée par la fig. 2 ; la vapeur arrivant par le tuyau QQ' pénètre dans la partie JJ' du cylindre tandis que celle qui existait en KK' se trouve mise en communication avec le conduit d'évacuation et se rend par suite au condenseur (ou s'échappe dans l'atmosphère) ; le piston étant ainsi inégalement pressé sur ses deux faces va se mettre en mouvement dans les sens de la flèche *f* et atteindre l'extrémité de sa course. Si, à ce moment, on pousse le tiroir en A'B', la portion du cylindre qui était en communication avec la chaudière se trouvera mise en relation avec le condenseur et inversement, de sorte que le piston va revenir sur ses pas pour occuper de nouveau sa position première. En replaçant alors le tiroir en AB, on force évidemment le piston à se mouvoir de nouveau de JJ' en KK' et ainsi de suite. On voit donc comment, avec un tiroir, on peut imprimer au piston moteur un mouvement rectiligne alternatif.

Dans quelques cas exceptionnels (certaines pompes à vapeur par exemple) le distributeur est chassé brusquement d'une position à l'autre quand le piston arrive à bout de course ; mais dans l'immense majorité des cas il n'en est pas ainsi et le tiroir se meut, comme le piston, d'un mouvement rectiligne alternatif qui lui est imprimé par un excentrique, ou par une bielle et une manivelle, ou par d'autres mécanismes dont il sera question plus tard.

Comme on le voit, c'est par les arêtes extérieures AA', BB' (fig. 1) du tiroir et par les arêtes extérieures α et β du cylindre (fig. a) que la vapeur s'introduit dans ce dernier ; c'est pourquoi on leur donne le nom d'*arêtes d'introduction*. Pour une raison analogue, les *arêtes* dites *d'évacuation* sont CC', BD' pour le tiroir, et γ et δ pour le cylindre.

Voyons maintenant comment on dispose les choses pour obtenir les meilleurs résultats possibles.

Supposons le tiroir à mi-course ; il occupe alors par rapport aux orifices du cylindre la position indiquée par la fig. 3 ; on y remarque que les arêtes d'introduction A et B du tiroir dépassent toutes deux les arêtes correspondantes

Fig. 3

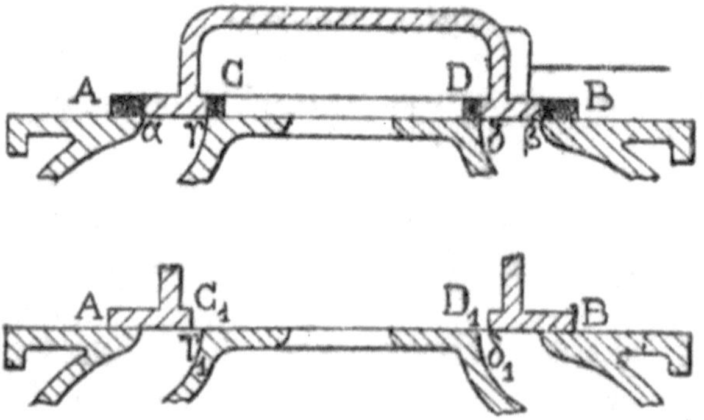

α et β du cylindre, les *recouvrent* de quantités Aα, Bβ qu'on nomme pour cette raison *recouvrements à l'admission*. Quant aux arêtes d'évacuation C et D du distributeur, tantôt elles *recouvrent*, tantôt elles *découvrent* (comme en C, et D) les arêtes γ et δ ; dans tous les cas, les distances Cγ, Dδ sont appelées *recouvrements à l'évacuation* ; seulement on dit que ceux-ci sont positifs ou négatifs suivant qu'on se trouve dans le premier cas ou dans le second.

Avant d'aller plus loin, il convient de dire ce qu'on appelle le haut et le bas dans un cylindre de machine. Une convention souvent adoptée, et c'est celle à laquelle nous nous conformerons, est la suivante : le haut du cylindre sera, par définition, le côté qui est le plus proche de l'arbre moteur, et le bas, la partie opposée.

Dans une machine à pilon, ce que nous désignerons par le haut du cylindre sera donc en réalité la partie basse et inversement, tandis que le contraire aura lieu pour un moteur dont l'arbre est situé à la partie supérieure ; le tout est de bien s'entendre à ce sujet afin qu'il n'y ait pas de confusion possible. Pour éviter toute méprise, le côté haut est aussi appelé *côté des tiges* et le côté bas, *côté des fonds*[3] ; on se sert aussi quelquefois des dénominations de *côté AV, côté AR.* Les désignations de *point mort haut* et de *point mort bas*, de *haut de course* et de *bas de course* reposent sur la même convention que ci-dessus et se comprennent sans difficulté. Dans le même ordre d'idées on nomme souvent *couvercle* du cylindre la face qui regarde l'arbre et fond la face opposée ; l'un ou l'autre peut, suivant le cas, faire corps avec le cylindre.

Ceci posé, considérons le piston à l'une quelconque de ses extrémités de course, au bas de course par exemple (c'est-à-dire à l'extrémité opposée à l'arbre moteur). L'expérience prouve qu'il est nécessaire qu'à ce moment l'orifice par lequel la vapeur va affluer sur le piston soit déjà ouvert d'une certaine quantité ; c'est ce qu'on appelle donner de l'avance à l'admission. Si cette dernière était nulle, la pression de la vapeur venant de la chaudière n'aurait pas le temps de s'établir dans le cylindre dès les premiers moments de la course et on obtiendrait une courbe d'indicateur telle que ABCD (fig.4) de surface réduite, ce qui diminuerait, sans aucun avantage par ailleurs, la puissance qu'on peut réaliser avec les mêmes dimensions de cylindre. On évalue habituellement l'avance à l'admission en degrés de la manivelle de l'arbre moteur ; on la prend souvent égale à 10° ou 12° mais parfois moindre (soit environ 0,01 de la course du piston), c'est-à-dire que le distributeur commence à découvrir l'orifice d'arrivée de vapeur quand la manivelle de l'arbre moteur a encore 10° à 12° à parcourir avant d'atteindre son point mort. Il faut avoir soin de ne pas lui donner une valeur trop forte, sans quoi le piston se trouve arrêté trop tôt dans son mouvement et, il se produit un choc parfois très énergique, à cause du jeu qui existe forcément dans les coussinets de la bielle motrice ; c'est en raison de cette particularité et de la forte valeur qu'ont les forces d'inertie dans les machines à allure rapide que, toutes choses égales d'ailleurs, ces dernières ont besoin d'avoir des avances à l'admission un peu plus grandes que dans les appareils à marche lente.

Fig. 4

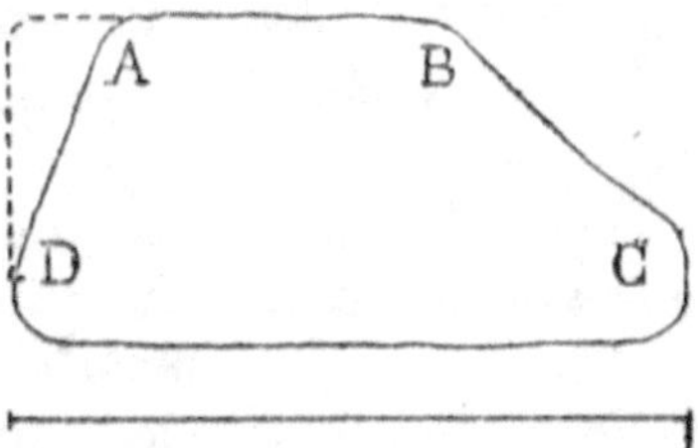

Le tiroir occupant, au moment où le piston est au bas de course, la position indiquée par la fig. 5, voyons où doit se trouver alors la manivelle qui le

3 Les Anglais disent assez souvent *inside edge* pour le côté des tiges et *outside edge* pour l'autre, (côté intérieur, côté extérieur).

conduit. Cette dernière ne saurait être, à cet instant, à son point mort bas Y parce que, avec une pareille disposition, le distributeur ne pourrait jamais fermer l'orifice correspondant, ce qui est évidemment nécessaire. Or le tiroir doit se mettre en mouvement dans le sens de la flèche *f* pour découvrir de plus en plus l'orifice X ; si donc la rotation de la manivelle a lieu suivant *f*'', son extrémité T doit se trouver quelque part sur la demi-circonférence YTY' ou, en d'autres termes, *le tiroir doit avoir parcouru une certaine portion de sa course quand le piston commence la sienne.* C'est là l'une des règles fondamentales relatives à l'établissement des tiroirs ; dans la pratique, on a reconnu que, pour qu'on se trouve dans les meilleures conditions possibles, la fraction en question de la course totale YY' doit être égale à 0,80 environ. C'est ce qu'on peut encore exprimer en disant que, *quand le piston est à l'un quelconque de ses points morts, la manivelle du tiroir doit avoir dépassé le sien d'environ 125°* (pour un angle YIT de 125°, on a Yt = 0,78 YY').

L'angle YIT, défini comme nous venons de le faire, est ce qu'on appelle *l'angle de calage du tiroir*[4] pour un distributeur à coquille ; il est en général d'à peu près 125 degrés[5] ; on va souvent jusqu'à 130°, mais on adopte une valeur plus faible quand il s'agit de fortes introductions.

Les choses étant ainsi réglées au moment où le piston est à son point mort bas, supposons que la machine se mette en mouvement et voyons ce qui se passe pour chacune des positions du piston. Ce dernier s'éloignant de plus en plus de son point mort, le tiroir marche dans le sens de la flèche *f* (fig. 5) et ouvre ainsi de plus en plus l'orifice X ; les dimensions de celui-ci doivent d'ailleurs être assez grandes pour que la vapeur afflue librement sur le piston sans subir d'étranglement entre les arêtes A et α. Si cette condition n'était pas remplie, la pression, au lieu d'être à peu près constante pendant toute la durée de l'introduction, irait en diminuant et l'ordonnée moyenne du diagramme (ainsi par suite que la puissance maximum développée) se trouverait notablement réduite. Quand le tiroir arrive ensuite à l'extrémité de sa course (au haut de course), il ne découvre pas habituellement en grand l'orifice X (assez souvent des 3/4 seulement) ; mais, avec les proportions adoptées par

4 Au lieu d'un angle de calage Σ, on parle souvent d'un angle d'avance Δ défini par la relation $\Delta = \Sigma - 90°$

5 Il arrive souvent que, à leurs points morts respectifs, la manivelle du piston et celle du tiroir ont la même direction et qu'elles tournent l'une et l'autre dans le même sens et du même mouvement ; l'angle de calage est alors celui que font constamment entre elles les deux manivelles en question ; mais ce dispositif, bien que fréquent, est sujet à de nombreuses exceptions.

les constructeurs, cela est suffisant pour que la vapeur afflue librement dans le cylindre pendant la période de communication avec la chaudière.

La machine continuant son évolution, le distributeur revient sur ses pas et, au bout d'un certain temps, il ferme l'orifice X, en emprisonnant ainsi dans la

Fig. 5

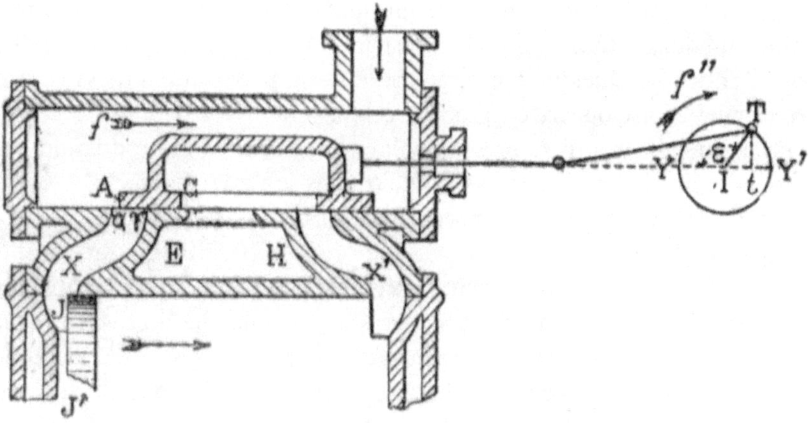

partie JJ' du cylindre un certain volume de vapeur qui se détend en diminuant de pression sans cesser de pousser le piston.

L'appareil moteur continuant toujours son mouvement, il arrive un instant où l'arête d'évacuation C vient à coïncider avec l'arête γ du cylindre, de sorte que, l'orifice X se trouvant dès lors en communication avec le conduit d'évacuation EH, la vapeur contenue en JJ' se précipite dans le condenseur (ou dans l'atmosphère), mais il faut évidemment un certain temps pour que la condensation (ou l'équilibre de pression) puisse s'opérer ; c'est pourquoi on a grand soin que l'orifice X communique avec le conduit d'évacuation avant que le piston ne soit rendu au bout de sa course ; c'est ce qu'on appelle *donner de l'avance à l'évacuation* ; celle-ci s'évalue habituellement en degrés de la manivelle de l'arbre moteur, elle varie en général de 20° à 40° et est souvent prise égale à 35°, c'est-à-dire que l'orifice X commence à être mis en communication avec le condenseur quand la manivelle du piston a encore 35° environ à parcourir, ce qui correspond sensiblement à 0,1 de la course du piston. Avec une avance insuffisante, on aurait une courbe d'indicateur analogue à celle de la fig. 6 et, pour un même poids de vapeur dépensée, l'ordonnée moyenne serait diminuée en pure perte, ce qui serait éminemment fâcheux. On remarque que l'avance à l'évacuation est, dans la pratique, beaucoup plus forte que celle qui est relative à l'admission[6] ; on obtient ce résultat, *avec un même angle de calage*, en ayant soin de faire en sorte que le recouvrement à l'admission soit notablement plus grand que celui à l'évacuation ; ce dernier est même quelquefois négatif comme nous l'avons dit.

La révolution de l'arbre moteur continuant à s'accomplir, le piston atteint le point haut de sa course ; il n'y a rien de particulier à signaler dans cette position pour l'orifice X. Quelque temps après, le tiroir arrive au bas de sa course ; à cet instant, X est ouvert en grand ; cela a toujours lieu pour l'évacuation, contrairement à ce qui se présente généralement pour l'introduction ; assez souvent même l'arête C dépasse l'arête α dans son excursion.

Le tiroir revient ensuite sur ses pas de sorte que l'orifice X ne tarde pas à être fermé et par suite la vapeur à faible pression (0^{kg},20 et au-dessous, dans le cas d'un condenseur) contenue dans l'espace J J' se trouve emprisonnée sans pouvoir s'échapper au-dehors ; le piston, qui marche alors vers la gauche, va donc la comprimer, la refouler sans qu'elle puisse trouver d'issue à moins que le tiroir ne soit pas étanche ou qu'il ne soit soulevé et décollé de sa glace. Pour cette raison, cette période de la distribution est appelée le *refoulement* ; elle a pour résultat d'augmenter la pression du fluide, comme on le voit de F en G sur la courbe d'indicateur (fig. 6) ; l'effet ainsi obtenu est très avantageux (quand il ne commence pas trop tôt et qu'il n'est pas trop fort), car la vitesse et par suite la force vive du piston se trouvent alors peu à peu amorties avant l'extrémité de course par le matelas élastique formé par la vapeur, et le jeu qui existe toujours forcément dans les coussinets de la bielle ne donne plus lieu qu'à un choc nul ou insignifiant ; il faut d'ailleurs avoir soin que la compression dont nous venons de parler ne soit

Fig. 6

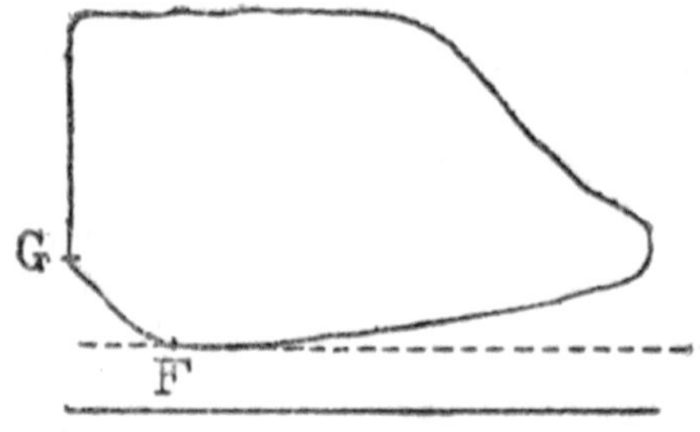

6 Il est nécessaire qu'il en soit ainsi afin que l'état d'équilibre de la vapeur ait le temps de s'établir suffisamment vite malgré la moindre différence de pressions.

pas trop forte, sans quoi le changement de portage des pièces en contact aurait lieu trop tôt et il se produirait des chocs comme dans le cas d'une avance à l'admission trop grande.

Outre l'avantage que nous venons de mentionner, le refoulement a encore celui d'atténuer notablement la dépense inutile de vapeur due à l'existence des *espaces morts* du cylindre et d'augmenter par suite le rendement calorifique du moteur ; le réchauffage des parois auquel il donne lieu est également à mentionner à ce dernier point de vue, mais ce sont là des questions qui sont du ressort de la thermodynamique[7].

Le refoulement se mesure le plus souvent en fraction de course du piston ; il commence au moment où l'arête C couvre l'arête γ et il cesse en réalité quand A découvre α c'est-à-dire à l'instant où se produit l'introduction de nouvelle vapeur ; mais, pour plus de commodité, on l'évalue habituellement depuis la fermeture de l'orifice jusqu'au bout de course. Ainsi défini, il comprend à la fois la période de compression et celle d'avance à l'admission ; c'est une simple convention qui facilite les mesures. Sa valeur ne dépasse pas en général les 0,15 de la course du piston et on s'efforce en général de la maintenir dans les environs de 0,1 et même au-dessous. En principe, au point de vue de l'économie de vapeur, il y a intérêt à ce que la compression éprouvée par la vapeur lui fasse acquérir une tension finale à peu près égale à celle qui existe dans la boîte à tiroir de façon à annuler le plus possible les effets fâcheux dus au remplissage des espaces morts, aussi comprend-on facilement que la meilleure valeur à donner au refoulement dépende de la grandeur de ces derniers ainsi que de la différence des pressions extrêmes correspondant à la période d'introduction et à celle d'évacuation.

La machine continuant toujours à tourner, l'arête A du tiroir vient se présenter juste au-dessus de l'arête α du cylindre, et c'est à ce moment que commence l'admission. Comme nous l'avons expliqué plus haut, il doit rester à la manivelle du piston encore une dizaine de degrés à parcourir ; ce dernier atteint ensuite le point bas de sa course et tout recommence comme précédemment. Ce que nous venons d'expliquer pour l'une des extrémités du

---

7 Il convient de signaler ce fait que le refoulement réduit un peu l'ordonnée moyenne de la courbe d'indicateur et par conséquent la puissance maximum qu'on peut développer avec un cylindre de dimensions données ; mais c'est là un inconvénient bien faible comparativement aux avantages que nous avons indiqués. Ce même reproche de réduction de la surface du diagramme pourrait d'ailleurs être tout aussi bien fait à propos de l'usage de la détente ordinaire, de l'emploi des machines à détentes successives, etc.

cylindre se passe du reste de la même façon pour l'autre ; il est inutile d'insister plus longtemps à ce sujet.

En résumé, les conditions que doit remplir un tiroir pour chacune des extrémités du cylindre, par exemple pour celle qui correspond au piston bas, sont les suivantes :

1. Ouvrir à l'admission un peu avant que le piston ne soit rendu à son point mort bas (une dizaine de degrés environ auparavant, et assez souvent moins) ;
2. Fermer à l'admission au point fixé par le constructeur de la machine d'après le degré de détente qu'il veut réaliser ;
3. Ouvrir à l'évacuation avant que le piston n'arrive à son point mort haut (quand il reste encore environ 35° à parcourir à la manivelle de l'arbre de couche) ;
4. Fermer à l'évacuation avant que ne recommence l'ouverture à l'admission de façon à produire une certaine compression de la vapeur.

Enfin les sections des orifices ou plutôt des ouvertures d'admission et d'évacuation doivent être assez grandes pour que la vapeur afflue librement de la chaudière dans le cylindre et s'échappe facilement de ce dernier pour se rendre dans le condenseur ou l'atmosphère[8]. Il est d'ailleurs, en outre, nécessaire que l'ouverture et la fermeture des orifices en question se fassent avec la plus grande rapidité possible afin que l'étranglement de la vapeur soit réduit à une période insignifiante ; en d'autres termes cette ouverture et cette fermeture doivent s'effectuer quand le distributeur n'est pas trop éloigné de sa mi-course, c'est-à-dire au moment où sa vitesse est maximum ; c'est là un point important dont il n'est pas toujours tenu suffisamment compte.

Pour satisfaire aux conditions indiquées ci-dessus, on dispose, en ce qui concerne le tiroir, des quantités ci-après :

---

8 La section maximum en mètres carrés Ω qui doit être donnée par le tiroir à l'admission de la vapeur se calcule par la relation

$$\Omega = K \times S \times V$$

S étant la surface $1/4\ \pi.D^2$ du piston, V la vitesse moyenne $(2C.AV)/60$ de celui-ci et K un coefficient numérique qui varie d'un constructeur à l'autre, et qui, en adoptant le mètre pour unité, est souvent pris égal à 1/30. Lorsque on veut réduire le plus possible le volume des espaces neutres, on descend au-dessous de ce chiffre en prenant K = 1/40 et même 1/50 . Quant à la surface maximum offerte à l'évacuation, elle doit être calculée un peu plus largement ; c'est ce qui est d'ailleurs généralement réalisé par ce fait que le distributeur découvre en grand les orifices du cylindre pendant la période d'échappement.

- les recouvrements à l'admission,
- les recouvrements à l'évacuation,
- l'angle de calage,
- la course du tiroir.

Le constructeur de la machine choisit ces quantités de façon à remplir les conditions énumérées plus haut ; en les modifiant convenablement, on arrive d'ailleurs toujours au résultat voulu à condition toutefois que l'introduction imposée ne soit pas trop petite[9]. En général les recouvrements à l'évacuation sont très faibles, tantôt positifs, tantôt négatifs et quelquefois nuls. Les recouvrements à l'admission sont toujours positifs ; leur valeur varie d'une machine à l'autre. Quant à l'angle de calage, il est choisi de telle sorte que le distributeur ait parcouru une notable partie de sa course quand le piston commence la sienne ; pour les tiroirs à coquille, sa valeur est en général de 125°, cet angle étant porté dans le sens du mouvement du tiroir. En ce qui concerne enfin la course de ce dernier, il convient de la prendre aussi petite que possible afin de réduire par là le travail résistant absorbé par le distributeur et les forces d'inertie souvent gênantes auxquelles il donne lieu : en général on doit pouvoir se tirer d'affaire en adoptant une course comprise entre deux à trois fois la hauteur des orifices d'admission.

L'ensemble des phénomènes dont nous venons de parler et qui sont relatifs aux diverses circonstances de la distribution de la vapeur constituent ce qu'on appelle la *régulation des tiroirs*.

Tiroirs en D

Les premiers tiroirs dont on a fait usage n'étaient pas à coquille ; leur forme était celle qui est indiquée par la fig. 7. Deux blocs A et A' sont fixés à une même tige H H', leur coupe par un plan perpendiculaire à cette dernière a la forme d'un D majuscule, c'est pourquoi ils portent le nom de *tiroirs en D*. Celui qui est représenté par la fig. 7 est un *tiroir en D court* par opposition aux *tiroirs en D longs* dont nous parlerons plus loin ; le mode de fonctionnement

9 La discussion des résultats obtenus avec les *épures de régulation* montre en effet qu'avec un distributeur servant à la fois à l'admission et à l'évacuation on se trouve conduit à taire usage d'un tiroir spécial de détente pour les introductions inférieures à 0,45 environ et même à 0,50.

Fig. 7

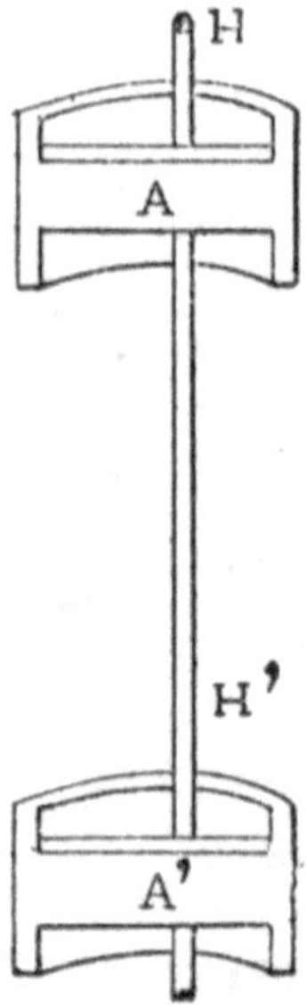

des uns et des autres étant exactement le même, il ne sera question pour le moment que des premiers.

La fig. 8 représente l'installation d'un de ces distributeurs dans sa boîte ; comme on le voit, la vapeur venant de la chaudière arrive entre les deux blocs en K, tandis que les conduits d'évacuation F, F' sont situés aux deux extrémités ; l'admission se fait donc par les arêtes intérieures et l'évacuation par les arêtes extérieures ; c'est l'inverse de ce qui a lieu pour les tiroirs à coquille. Pour empêcher la vapeur de passer directement des chaudières au condenseur par dessus le dos du distributeur, on place en R et R' deux *presse-étoupes* qui font le tour de ce dernier et empêchent ainsi, quand ils sont en bon état, toute communication entre l'espace K et les tuyaux F, F'.

Le fonctionnement du tiroir en D est facile à comprendre après toutes les explications qui ont été données au paragraphe précédent : le distributeur étant placé à mi-course, on appelle recouvrements à l'admission et recouvrements à l'évacuation les quantités Aα, A'α' d'une part et Cγ, C'γ' de l'autre (fig. 9) ; les premiers sont toujours positifs ; les seconds, tantôt positifs, tantôt négatifs, tantôt nuls

Fig. 8

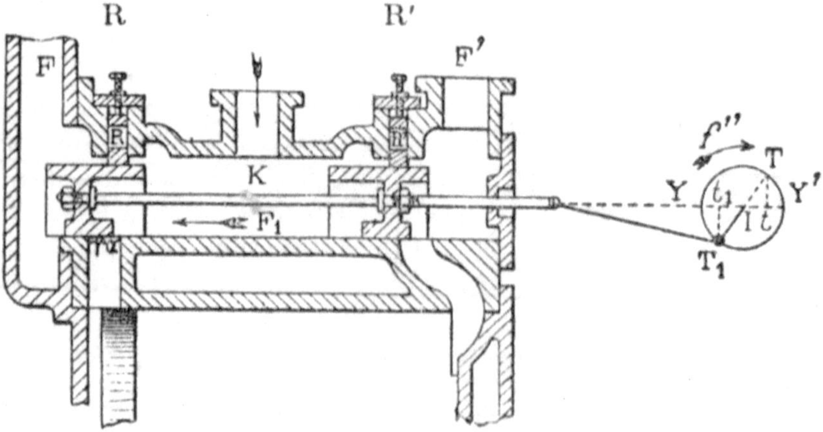

comme sur la fig. 9 ; leur valeur est toujours très faible. Ceci posé supposons que le piston soit à l'une de ses extrémités de course, au bas de course par exemple (fig. 8) ; pour la même raison que tout à l'heure l'orifice $\alpha\gamma$ doit être déjà un peu ouvert ; en d'autres termes il est nécessaire qu'il y ait de l'*avance à l'admission.*

Fig. 9

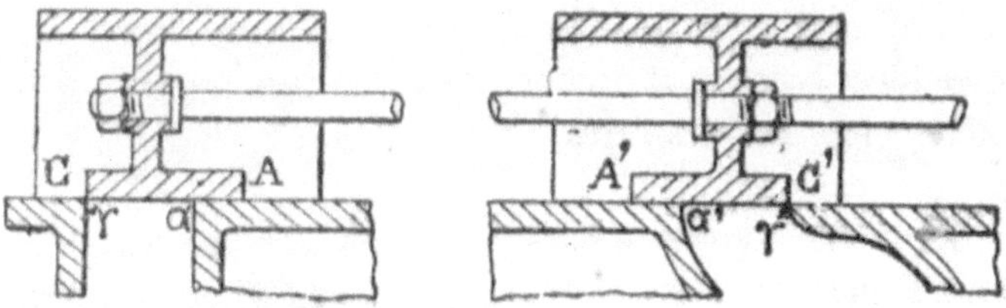

Voyons maintenant où se trouve la manivelle du tiroir : en vertu du principe général énoncé dans le paragraphe précédent, le distributeur doit avoir déjà parcouru une fraction notable de sa course (environ les 0,80), puisque le piston commence la sienne ; or, dans le cas actuel, le déplacement du tiroir se produit dans le sens F_1, afin que l'orifice d'arrivée de vapeur $\alpha\gamma$ s'ouvre de plus en plus.

Si donc la rotation de la manivelle a lieu dans le sens *f*'', l'extrémité de celle-ci se trouvera quelque part sur la demi-circonférence $Y'T_1$, Y, en T_1, par exemple au lieu de T comme dans le cas précédent.

En menant les perpendiculaires Tt, T_1 t_1 on voit tout de suite que, pour que les deux tiroirs (à coquille et en D) aient parcouru la même fraction de leur course à partir de leurs points morts, il faut qu'on ait Yt_1, = Y't ; en d'autres termes T et T_1, doivent se trouver à l'extrémité d'un même diamètre et par conséquent YIT_1, = 180° - 125° = 55°. L'angle en question porte le nom, pour les tiroirs en D, *d'angle de calage*, sa valeur moyenne est d'environ 55°, mais il faut avoir bien soin, dans le cas actuel, de la porter en sens inverse du mouvement de rotation de l'arbre des tiroirs[10].

10 Si l'on fait usage, pour actionner le tiroir, de leviers qui renversent le sens du mouvement, il est bien clair que le calage de la manivelle du tiroir doit être lui-même changé de 180°, c'est-à-dire que sa valeur est alors d'environ +125° au lieu de - 55°. Une remarque analogue est évidemment applicable aux tiroirs à coquille.

Ceci posé, si nous faisons tourner la machine à partir de la position qu'elle occupe en ce moment, nous serons conduit à répéter pour les distributeurs en D exactement ce que nous avons dit pour ceux à coquille et il n'y a pas lieu de donner plus de détails à ce sujet.

Tiroir calé à 90°

Si l'angle de calage est pris égal à 90°, il est bien clair (les bielles étant supposées infinies) que le tiroir est à mi-course quand le piston est à bout de course et inversement ; il occupe donc la même position dans les deux circonstances représentées par la fig. 10. Or, dans le cas n° 1, l'orifice X doit être ouvert à la vapeur, tandis que dans le second il doit être fermé ; le seul moyen de satisfaire à cette double condition est évidemment de faire en sorte que les arêtes A et α coïncident à mi-course ; il doit en être de même pour C et γ ainsi que pour B et β, D et δ. En d'autres termes les recouvrements sont tous égaux à zéro et il n'y a ni avance à l'admission, ni détente, ni avance à l'évacuation, ni refoulement, ce qui constitue une mauvaise distribution[11] ; on a cependant recours à ce dispositif dans quelques cas particuliers.

Fig. 10

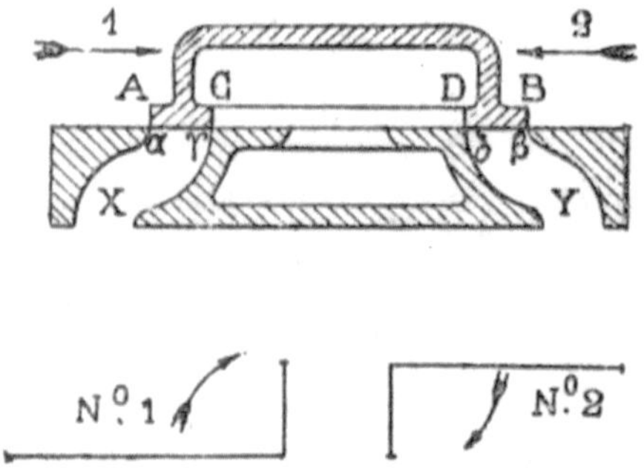

1. Dans certaines machines oscillantes d'importance secondaire, le cylindre, qui est mobile, se meut sur des orifices fixes ; les extrémités de course du cylindre correspondant alors évidemment au point milieu de l'amplitude oscillatoire c'est-à-dire à la mi-course relative du distributeur, on se trouve évidemment dans le cas d'un tiroir calé à

11 Avec un tiroir calé à environ 125° et des recouvrements à l'admission positifs, il est facile de voir que l'effet de ces derniers et celui d'un calage supérieur à 90° se retranchent l'un de l'autre à l'une des extrémités de course du piston et s'ajoutent à l'autre ; c'est ce qui permet de faire de la détente en ayant par ailleurs une avance convenable à l'admission.

90°. Cet agencement, qui est d'une grande simplicité mécanique, n'est d'ailleurs admissible que pour de très petits appareils.

2. Dans certaines machines auxiliaires de faibles dimensions, on réalise le renversement de marche en intervertissant le rôle des conduits d'arrivée et de sortie de vapeur ; l'excentrique du tiroir conservant alors le même calage dans les deux marches, il est nécessaire que celui-ci soit de 90° afin de pouvoir servir dans les deux cas ; nous aurons du reste l'occasion de revenir plus tard sur ce sujet.
3. Dans les moteurs mus par l'eau comprimée, il ne saurait y avoir de refoulement puisque celle-ci est incompressible et par conséquent le calage doit être de 90°. Ce dispositif présente d'ailleurs cet avantage que l'arrivée et la sortie de l'eau s'effectuent avec une vitesse constante, ce qui est particulièrement avantageux pour les fluides incompressibles ; les bielles étant supposées infinies (fig. 11), le chemin O*p* parcouru par le piston est en effet R.cosφ = R.cosωt et sa vitesse est ω.R.sinφ ; d'autre part l'ouverture O*t* de l'orifice (comptée à partir de la mi-course O du tiroir, puisqu'elle commence à cet instant) a pour expression *r*.sinφ ; la loi de proportionnalité existe donc bien entre les deux éléments dont nous venons de parler. C'est en raison de cette particularité qu'un assez grand nombre de moteurs à eau sont du système oscillant.

Fig. 11

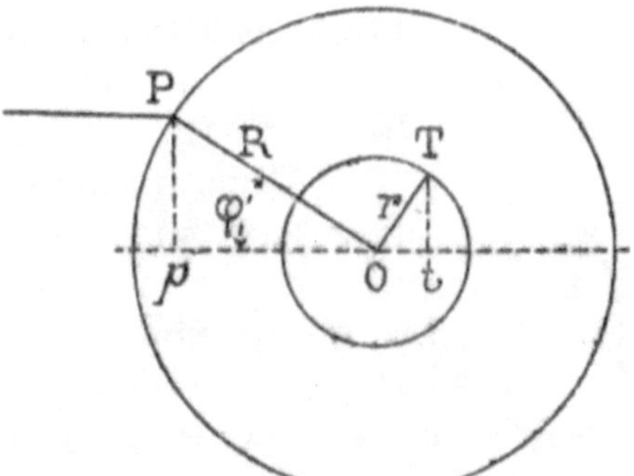

– CHAPITRE II –

Divers dispositifs des tiroirs et des autres distributeurs de vapeur

Disposition générale des tiroirs

Un grand nombre de machines à vapeur n'ont, pour chaque cylindre, qu'un seul tiroir servant pour les deux extrémités à la fois et produisant l'évacuation ainsi que l'admission ; cela apporte, dans les mécanismes de commande, une simplicité qui est précieuse dans une foule de circonstances, en particulier pour les locomotives et les machines marines ; c'est, comme nous l'avons déjà dit, de ce genre de dispositif dont nous nous occuperons d'abord. Dans ces conditions le tiroir se meut dans une sorte de caisse fermée appelée *boîte à tiroir* qui est généralement en fonte mais qui, pour plus de légèreté, est exécutée parfois en tôlerie dans les grands appareils ; ce dernier dispositif a d'ailleurs l'avantage de donner une plus grande solidité et de permettre à la capacité en question de résister facilement à la tension de la vapeur qui s'exerce à son intérieur ; comme pour les cylindres à vapeur, un essai de pression à l'eau froide est nécessaire pour éviter tout mécompte ultérieur. Un couvercle ou une porte de visite permettent au besoin d'avoir accès au distributeur et de vérifier son état ainsi que celui des glaces du cylindre.

La tige ou les tiges qui font mouvoir le distributeur sortent de la boîte à tiroir par un presse-étoupes disposé de la manière ordinaire ; on s'arrange d'ailleurs de façon que le tiroir puisse se déplacer légèrement perpendiculairement à la glace afin non seulement que le portage reste parfait malgré un peu d'usure, mais encore pour que cet organe soit susceptible de se soulever accidentellement et de donner au besoin passage à l'eau qui se trouverait comprimée, en assez grande quantité, entre le piston et le fond ou le couvercle du cylindre (les soupapes de sûreté ne débitent pas en effet instantanément toute l'eau qui tend à s'écouler par leur ouverture). Pour permettre ce léger mouvement relatif, on peut ovaliser légèrement en hauteur l'ouverture cylindrique par laquelle passe la tige ; d'autres fois on fixe celle-ci à un cadre en fer forgé dans lequel se trouve pris le distributeur.

En raison du frottement continuel, sous forte pression, qui a lieu entre le tiroir et la glace du cylindre, il se produit inévitablement de l'usure au bout d'un certain temps ; il y a un intérêt considérable à ce que celle-ci s'exerce non pas sur la glace mais sur le distributeur qui peut plus facilement être enlevé et réparé. C'est pour ce motif que la glace est quelquefois rapportée et faite alors en fonte dure ou en acier doux ; assez souvent aussi on a pris le parti de recouvrir les plaques frottantes *d'antifriction*[12] formant une certaine saillie et coulée dans des cannelures ou dans des cavités tronconiques ; ce dernier dispositif donne de bons résultats, mais l'antifriction présente parfois le grave inconvénient de se décoller en mettant ainsi le distributeur momentanément hors de service.

Tiroirs à coquille. Compensateurs

La construction des tiroirs à coquille ne présente rien de particulier ; on a soin seulement quand leurs dimensions sont un peu grandes, de les munir de nervures afin de leur permettre non seulement de résister à la pression de la vapeur qui tend à les écraser, mais encore de ne pas *prendre de gauche*, ce qui occasionnerait des fuites au condenseur, au grand détriment de l'économie du combustible[13]. Les orifices d'admission et d'évacuation du cylindre sont ramenés aussi près que possible les uns des autres de façon à diminuer la longueur du distributeur, c'est-à-dire son encombrement en même temps que le travail résistant qui est dû au frottement et qui a une valeur notable,

12 L'antifriction est un alliage tendre et fusible composé de 88,90 d'étain, 7,40 d'antimoine et 3,70 de cuivre ; sa préparation exige quelques soins spéciaux.

13 Les tiroirs qui sont munis de garnitures ont en outre à résister à la pression exercée par ces dernières et par leurs organes de serrage.

Fig. 12

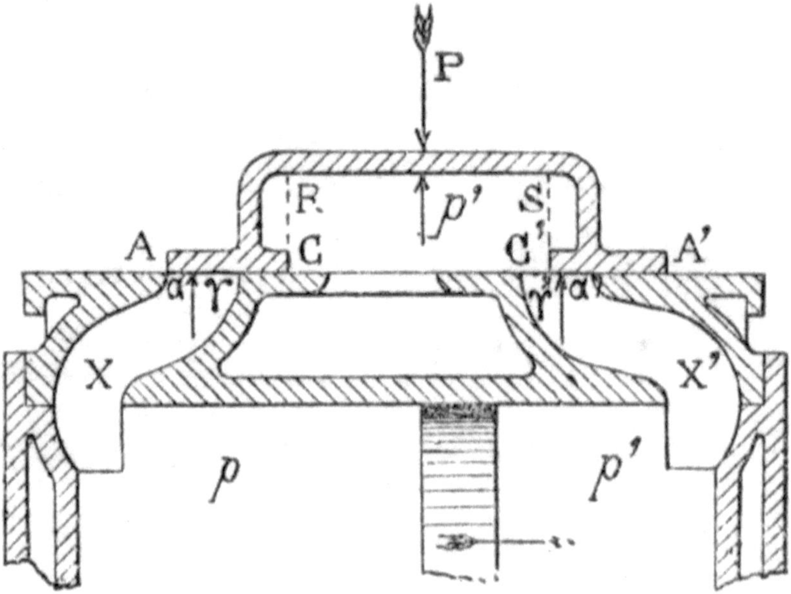

comme il est facile de s'en rendre compte. Sur le dos du tiroir s'exerce en effet une pression égale à celle de la vapeur d'admission, tandis qu'à l'intérieur règne seulement la tension correspondant à l'échappement. En désignant par P la pression dans la boîte du distributeur et par *p* et *p*' celles qui existent de chaque côté du piston (fig . 12), l'effort total résultant F a pour valeur :

F = + pression P sur la surface A A'
- pression *p* sur αγ
- pression *p*' sur α' C'
- pression *p*' sur R S.

Dans les appareils de grandes dimensions et en particulier dans certaines machines marines F peut s'élever à 40 000^{kg}, 50 000^{kg} et même au-delà[14] ;

14 Comme il est facile de s'en rendre compte, la valeur de F change d'un point à l'autre de

Fig. 13

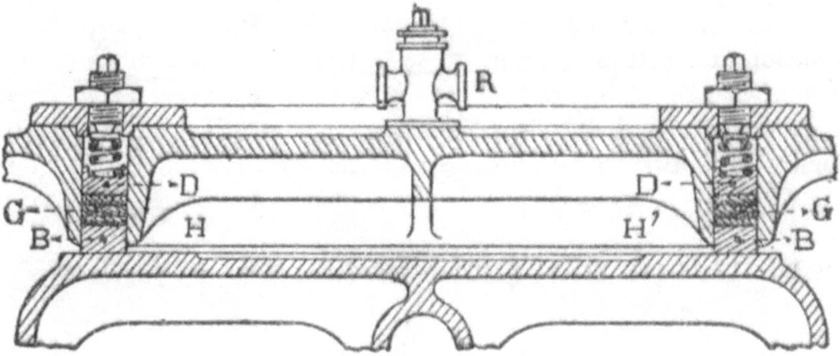

cette énorme pression donne lieu à un frottement considérable et par suite à une assez grande usure en même temps qu'à une perte de travail importante ; en outre, de pareils distributeurs sont extrêmement durs à manœuvrer quand il s'agit de passer de la marche en *AV* à la marche en *AR* dans les moteurs où ce renversement est nécessité par les exigences du service. Pour éviter ces divers inconvénients, on a imaginé depuis longtemps de soustraire une partie plus ou moins grande du dos du tiroir à la pression de la vapeur au moyen d'un organe spécial appelé *compensateur.*

Il existe des compensateurs d'un grand nombre de systèmes : dans celui de la fig. 13, une couronne annulaire B vient porter sur le dos du tiroir contre lequel elle est appliquée par des ressorts à boudin dont la bande peut être réglée au moyen de vis ; une garniture en chanvre G comprise entre B et un autre anneau circulaire D assure, quand elle est en bon état, l'étanchéité entre la région où se trouve la vapeur et la partie HH' qui est mise en communication avec le condenseur au moyen du robinet R ; en calculant convenablement l'étendue de la surface ainsi soustraite à l'action de la vapeur venant des chaudières,

---

la course du tiroir parce que les pressions p et p' ne sont pas constantes et qu'elles s'exercent sur des surfaces d'étendue Variable ; cette particularité qui rend plus difficile le réglage de la pression au moyen d'un compensateur et tend en outre à provoquer un basculement du tiroir peut être évitée par l'établissement, en face de la glace du cylindre, d'une contre-glace munie d'ouvertures identiques à $\alpha\gamma$, $\alpha'\ \gamma'$ et situées juste en face de celles-ci ; ces ouvertures communiquent par des conduits appropriés avec les orifices X et X' de sorte que l'effet produit par les pressions p et p' est constamment nul, mais c'est là un dispositif compliqué et délicat qui exige une exécution des plus soignées.

on peut évidemment diminuer autant qu'on le veut la pression exercée par cette dernière. Le robinet R, qui est à double orifice, permet d'ailleurs de mettre la capacité HH' en communication avec l'atmosphère de façon qu'on puisse vérifier l'étanchéité du compensateur ; si celle-ci n'est pas parfaite, la fermeture complète de R permet de suspendre l'action de l'organe qui nous occupe. Ce dernier dispositif est indispensable et, sous peine d'être exposé à des fuites de vapeur qui seraient désastreuses au point de vue de l'économie du combustible, on ne saurait admettre maintenant de compensateur dont on ne

Fig. 14

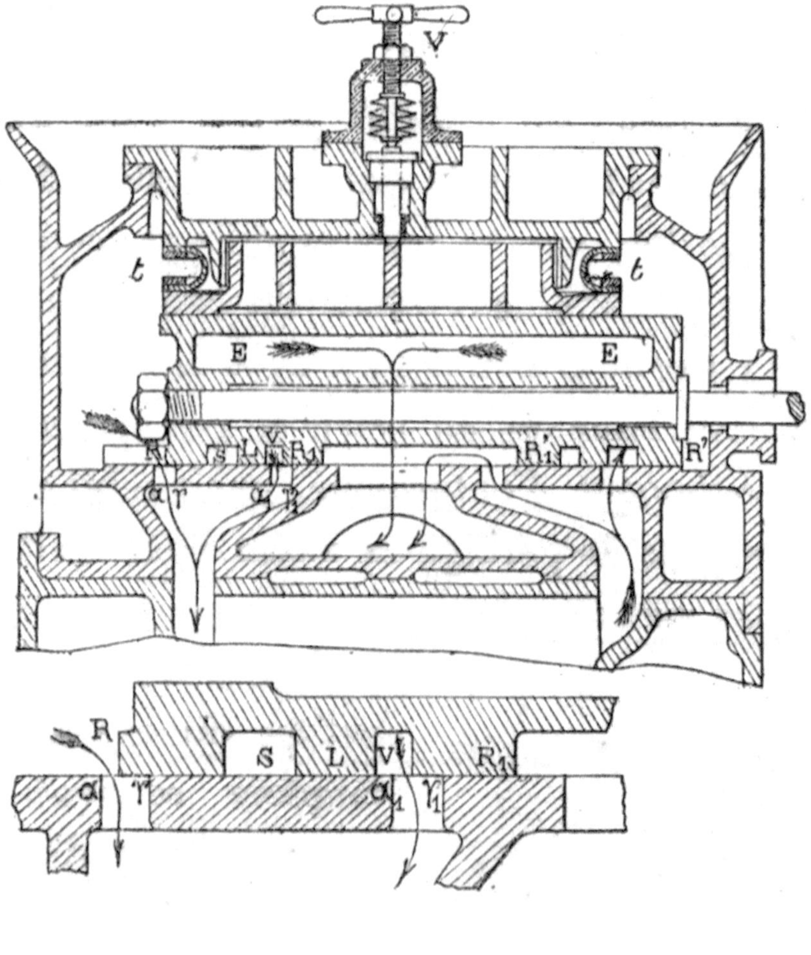

pourrait pas à volonté paralyser le fonctionnement. Les garnitures en chanvre, ou autres, étant sujettes à s'user et à donner lieu à des fuites, on fait souvent usage du compensateur Cadiat, dont la fig. 14 représente l'un des dispositifs : une lame en cuivre rouge *t* de 3/4 de millimètre environ d'épaisseur, disposée en forme de tore, remplace les garnitures ci-dessus et, par sa flexibilité, permet un léger déplacement vertical du compensateur par rapport à la partie fixe du couvercle de la boîte à tiroir. Des vis V compriment des ressorts qui eux-mêmes viennent presser sur le compensateur et non-seulement le forcent à bien s'appliquer sur le distributeur, mais assurent en outre l'étanchéité entre les plaques frottantes de ce dernier et la glace du cylindre. Dans d'autres variantes du même système, la lame en cuivre rouge est plate et le compensateur, entraîné par le tiroir auquel il est fixé et pressé en outre par de grands ressorts à lames, vient porter, par sa face supérieure, contre le dessous parfaitement raboté du couvercle de la boîte à tiroir. D'autres fois, avec des tiroirs verticaux, la lame est en acier et remplit le rôle, non-seulement d'obturateur, mais celui encore des ressorts de portage en usage pour les distributeurs verticaux.

Fig. 15

Fig. 16

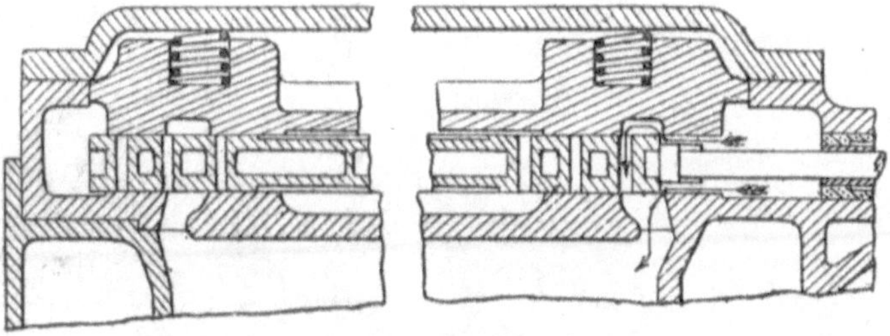

Pour des moteurs de petites dimensions, on emploie souvent des compensateurs d'un dispositif plus simple que les précédents ; tel est, par exemple, celui de la fig. 15 qui est relatif à une locomotive et qui se compose de quatre règles logées dans des rainures du tiroir et appliquées contre le couvercle par de petits ressorts ; c'est la perfection seule de l'ajustage qui assure l'étanchéité entre les diverses parties du système et en particulier entre les abouts des règles transversales et les faces des règles longitudinales. A titre d'autre agencement de cette nature, nous citerons celui de la fig. 16 dans lequel le distributeur se compose d'un bloc ajusté à frottement doux entre

Fig. 17

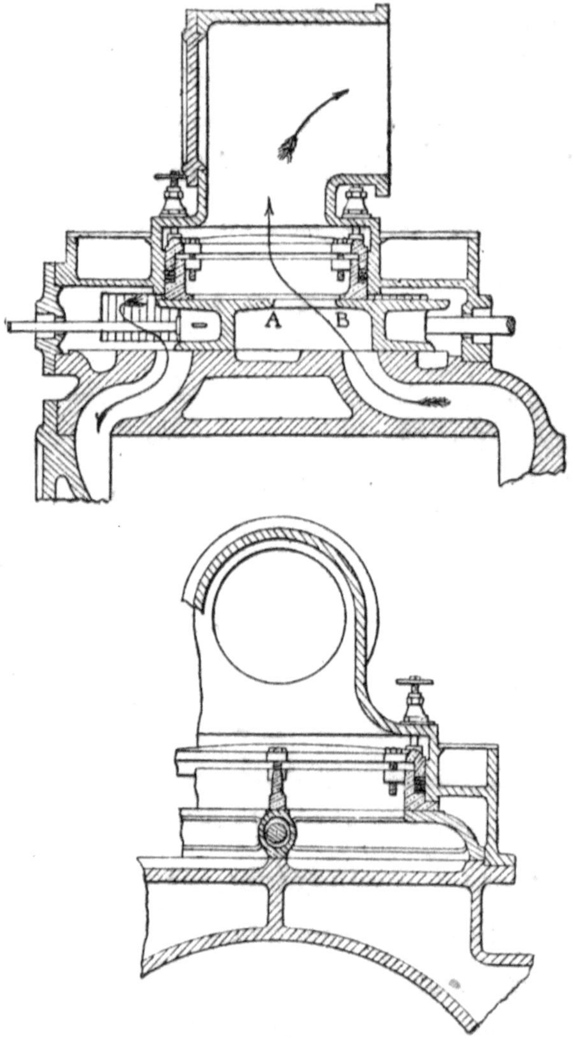

la glace du cylindre et une plaque parallèle à cette dernière et pressée par des ressorts ; quelquefois même ces derniers sont supprimés et c'est grâce uniquement à une exécution parfaite et à un choix d'excellents matériaux que l'étanchéité est possible ; elle ne saurait d'ailleurs être obtenue, de cette façon, que sur de petits moteurs où l'on n'a pas à craindre le gauchissement des distributeurs et où le fini du travail est plus facile à obtenir.

Tiroirs à coquille à dos percé

Dans les tiroirs à coquille dont nous venons de parler et munis ou non d'un compensateur, il existe d'assez grandes surfaces baignées d'un côté par la vapeur d'admission, de l'autre par celle d'évacuation et par suite il se produit forcément des condensations fâcheuses au point de vue économique. Pour les éviter on a quelquefois recours au *tiroir à coquille à dos percé* représenté par la fig. 17 ; le dos de celui-ci est percé d'un orifice AB par lequel se fait l'évacuation[15] et qui est entouré d'un cadre de compensateur muni de garnitures suivant le système ordinaire. Ce dispositif, qui a été employé dans quelques locomotives et dans un certain nombre de machines marines, présente cet inconvénient capital qu'on ne peut ni vérifier en marche l'étanchéité du compensateur, ni suspendre à volonté son fonctionnement ; c'est donc à juste titre qu'on n'en fait plus usage.

Tiroirs à coquille à double orifice

La course du tiroir est évidemment proportionnelle à la hauteur des orifices du cylindre ; plus celle-ci est faible, moins la course est grande. Or il y a un grand intérêt à diminuer cette dernière, surtout dans les machines très puissantes, 1° parce qu'on ne dispose pas toujours de la place nécessaire pour avoir une bielle de tiroir suffisamment longue par rapport à la course, 2° parce que le travail résistant dû au frottement sur la glace est ainsi notablement moindre, 3° à cause de la réduction des forces d'inertie qui, dans les appareils à allure rapide, augmentent sensiblement la fatigue des organes de transmission de mouvement.

15 Il n'y a plus alors évidemment de conduit d'évacuation attenant au cylindre et situé en contre-bas de la glace.

Pour arriver au but désiré, on se trouve donc conduit à diminuer la hauteur des orifices et, comme d'autre part leur section totale ne doit pas être réduite et que leur largeur a déjà été prise aussi grande que possible, on est forcé de faire usage d'orifices multiples séparés, placés les uns à la suite des autres. Généralement il y en a deux pour chaque extrémité du cylindre, comme on le voit dans la fig. 14 ; on a donc quatre barrettes R, R_1, et R', R_1'. Puisqu'il s'agit d'un tiroir à coquille, l'introduction de vapeur se fait, comme précédemment, par les arêtes extérieures α, α_1, et l'échappement par les arêtes intérieures γ, γ_1 (fig. 18). Il n'y a évidemment aucune difficulté pour ce qui concerne α et γ_1, mais l'admission en α_1 et l'évacuation en γ doivent être isolées l'une de l'autre et, pour empêcher toute communication, il faut interposer entre elles une cloison de séparation L (fig. 14) munie, bien entendu, d'une partie frottante qui s'opposera à la communication en question. Des deux compartiments ainsi obtenus S et V, l'un S communique au moyen d'un cloisonnage approprié, avec l'espace E et par suite avec le condenseur, tandis que l'autre V reçoit la vapeur des chaudières grâce à un conduit qui va en s'évasant de chaque côté du tiroir à mesure qu'on s'éloigne de la tige. A l'autre extrémité les choses se passent d'une façon tout à fait semblable, de sorte que l'ensemble affecte la forme donnée par la fig. 14.

Fig. 18

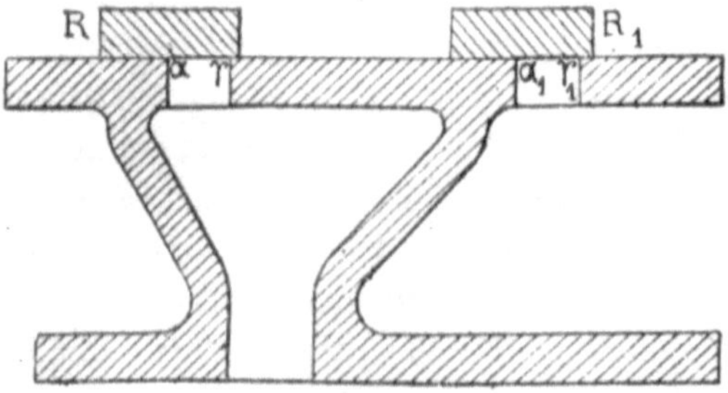

Au lieu de deux orifices on pourrait en avoir trois et même quatre ; mais c'est là un dispositif assez compliqué et beaucoup moins usité.

Les tiroirs à orifices multiples ont l'inconvénient d'être un peu lourds ; en outre, la vapeur y est en contact avec des surfaces refroidissantes étendues. Malgré cela, les avantages que nous avons signalés font employer fréquemment ce genre de distributeurs pour les cylindres de grandes dimensions ; ils peuvent d'ailleurs être ou non munis de compensateurs.

La fig. 16 représente un dispositif différent relatif à un petit moteur du système Swett dans lequel il existe quatre tiroirs, deux pour l'admission et deux pour l'échappement ; le fonctionnement du système se comprend de suite sur la figure.

Fig. 19

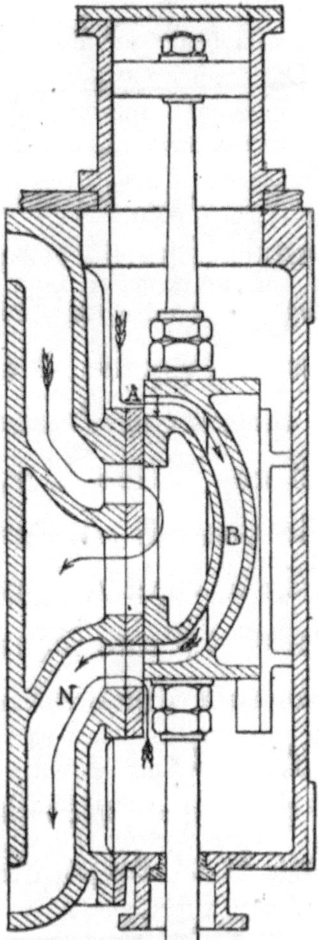

Tiroir Trick ou à canal

Un dispositif tout différent des précédents est celui de Trick (fig. 19) : les orifices du cylindre ne sont pas décomposés en deux parties par une barrette intermédiaire comme tout à l'heure, mais la vapeur des chaudières pénètre dans l'orifice unique *AV*,1° par l'arête extérieure comme d'habitude, 2° par un conduit ou canal B pratiqué à l'intérieur du distributeur et dont l'extrémité A se démasque en même temps que l'arête extérieure ci-dessus, ou préférablement un peu auparavant en raison du trajet que la vapeur a à faire dans le canal AB. Comme on le voit, la rapidité de l'ouverture et celle de la fermeture se trouvent doublées ; en revanche, comme dans le dispositif précédent, il y a d'assez larges surfaces baignées par de la vapeur à des températures très différentes.

Ressorts de portage des tiroirs verticaux

Nous avons vu que le tiroir est appliqué sur le cylindre par une force très considérable et même gênante, provenant de la différence de pression qui s'exerce à l'extérieur et à l'intérieur de cet organe. Dans les machines à cylindres verticaux, il peut cependant arriver que, surtout au moment de la mise en marche, le distributeur ne soit pas collé sur sa glace et on conçoit que les choses puissent ensuite rester dans cet état pendant le fonctionnement parce que, la vapeur s'introduisant sous les bavettes, est susceptible de les maintenir ensuite légèrement soulevées ; c'est pour cette raison que, dans les moteurs dont nous parlons, on juge prudent d'appliquer le tiroir sur sa glace par un

Fig. 20

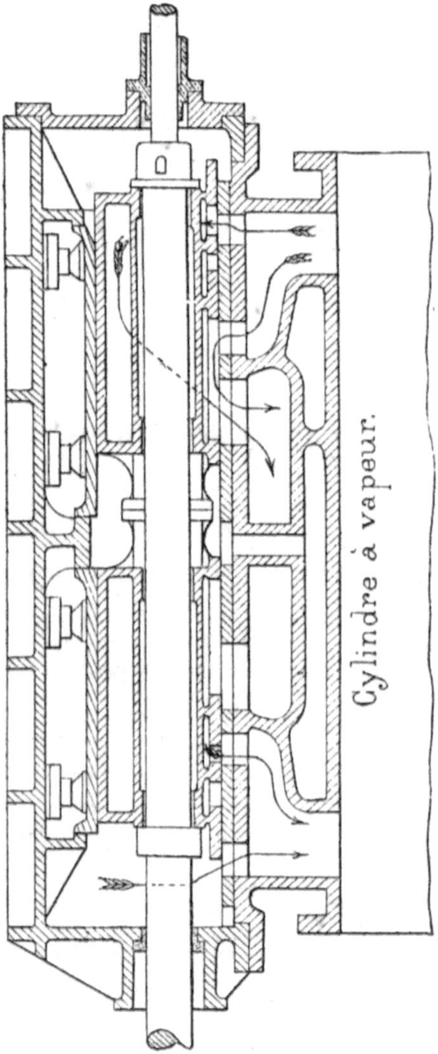

ou plusieurs ressorts dont il est bon, au moins dans les machines puissantes, de pouvoir régler à volonté la bande au moyen de vis. Dans tous les cas les ressorts doivent s'appuyer sur une plaque, fixe par rapport à eux et faisant l'effet de frottoir relativement au couvercle de la boîte à tiroir. Avec le dispositif qui nous occupe, il peut d'ailleurs exister un compensateur.

Tiroirs divisés en deux parties

Dans les machines de grandes dimensions, on décompose quelquefois le tiroir, suivant sa hauteur, en deux parties desservant respectivement chacune des extrémités du cylindre ; on a en réalité deux distributeurs séparés mais solidaires l'un de l'autre et mus d'un mouvement commun par la même tige (fig. 20). Ainsi disposés ils on t l'avantage d'être plus faciles à fabriquer et moins sujets à gauchir ; en outre le volume des espaces morts se trouve notablement réduit. Le tracé de la fig. 20 représente cet agencement pour un tiroir à coquille à double orifice ; il comporte une boîte à tiroir unique ; d'autres fois celle-ci est elle-même décomposée en deux parties distinctes renfermant chacune une moitié du distributeur.

Equilibration du poids des tiroirs

L'ensemble du distributeur et de sa commande ou, autrement dit, le train du tiroir, constitue souvent un tout assez lourd ; aussi dans les machines verticales est-il bon, ne fût-ce que pour faciliter la manoeuvre à bras dans les moteurs à renversement de marche, de compenser le poids du système en faisant agir la vapeur sur un piston placé dans un petit cylindre vertical spécial, placé par exemple au-dessus de la boîte à tiroir comme le représente la fig. 19. Dans le cas des tiroirs cylindriques à pistons pleins dont il sera question tout à l'heure, il suffit évidemment, pour atteindre le but qui nous occupe, de donner à l'un d'eux un diamètre un peu plus grand qu'à l'autre,

Tiroirs cylindriques

Il résulte de ce que nous avons dit précédemment qu'il est difficile d'avoir, dans le système ordinaire, des tiroirs remplissant la double condition d'être étanches et de ne pas donner lieu à trop de frottement en raison de la pression exercée par la vapeur ; c'est pour cette raison qu'on a imaginé des distributeurs disposés de telle sorte que la pression qu'ils supportent s'équilibre dans tous les sens. L'un des arrangements les plus simples qu'on puisse employer à cet égard est celui des tiroirs cylindriques ; ceux-ci sont en outre plus légers et donnent lieu à des forces d'inertie moins considérables, ce qui est capital dans les machines à allure très rapide ; enfin leurs boîtes à tiroirs, en raison de leur forme circulaire, résistent mieux aux fortes pressions actuellement en usage. Dans les machines marines récentes, on en fait très fréquemment usage, tout en conservant cependant assez souvent, pour le dernier cylindre de détente, un tiroir plat qui est moins encombrant et dont on peut être bien certain de l'étanchéité à condition de supprimer au besoin le fonctionnement du compensateur dont il peut être muni.

Tiroirs cylindriques pleins. — Deux pistons, montés sur une tige commune, se meuvent dans l'intérieur d'un cylindre creux H remplissant le rôle de boîte à tiroir (fig. 21) ; les conduits de vapeur A et A' communiquent, par un orifice de forme rectangulaire, avec les conduits annulaires C, C' qui font le tour du cylindre H et qui sont mis eux-mêmes en relation avec ce dernier

Fig. 21

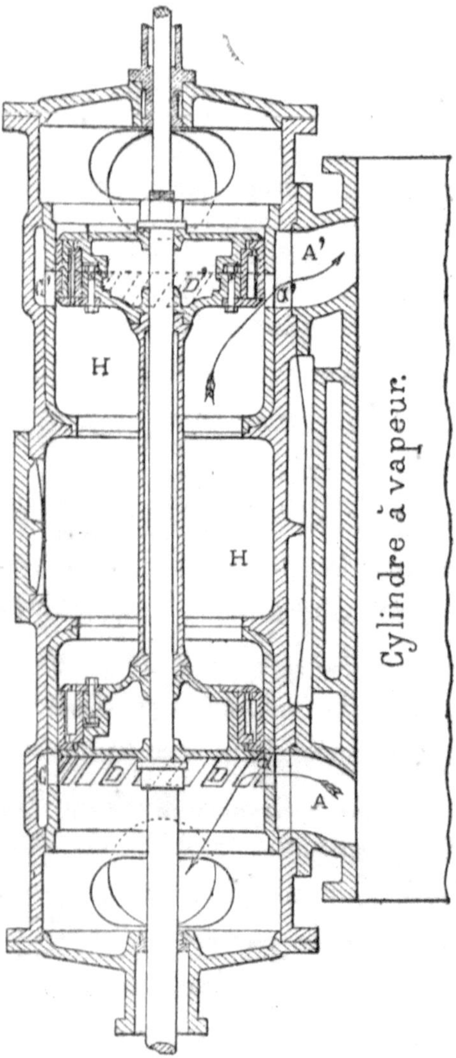

par les orifices D, D'. Dans la fig. 21, la vapeur fournie par les chaudières se rend dans l'espace H de sorte que l'admission a lieu par les arêtes intérieures α, α' [comme dans les tiroirs en D, (§ 3 et § 14)] et l'évacuation par les arêtes extérieures ; mais le contraire pourrait tout aussi bien se présenter ; on peut adopter l'une ou l'autre solution suivant les exigences locales, la disposition qu'on veut donner au tuyautage et diverses autres considérations de détail.

Pour obtenir une étanchéité convenable, on munit les pistons de garnitures métalliques disposées d'une façon analogue à celle des pistons des cylindres à vapeur quoique un peu plus simple ; c'est là un point délicat qui exige une étude spéciale et une exécution soignée.

Tiroirs cylindriques creux. On fait aussi fréquemment usage de tiroirs cylindriques creux, dans l'intérieur desquels la vapeur des chaudières ou celle d'échappement circule librement d'un bout à l'autre sans être arrêtée par des pistons pleins ; cela facilite souvent l'installation des tuyaux de vapeur et permet d'en employer d'un diamètre moindre, ce qui est important avec les hautes pressions actuelles. Ces distributeurs fonctionnent, au point de vue de l'admission et de l'évacuation, d'une manière analogue aux précédents, l'introduction se faisant soit par les arêtes intérieures soit par celles de l'extérieur ; il est à remarquer seulement qu'il y a forcément un certain contact entre la vapeur admise et celle d'échappement par l'intermédiaire des parois métalliques du tiroir, ce qui n'est pas une bonne chose.

Tiroirs cylindriques à double orifice. — Les tiroirs cylindriques peuvent être à double orifice ; il suffit pour cela de les organiser à l'intérieur suivant le dispositif Trick (§ 9). La fig. 22 représente un distributeur de ce genre,

Fig. 23

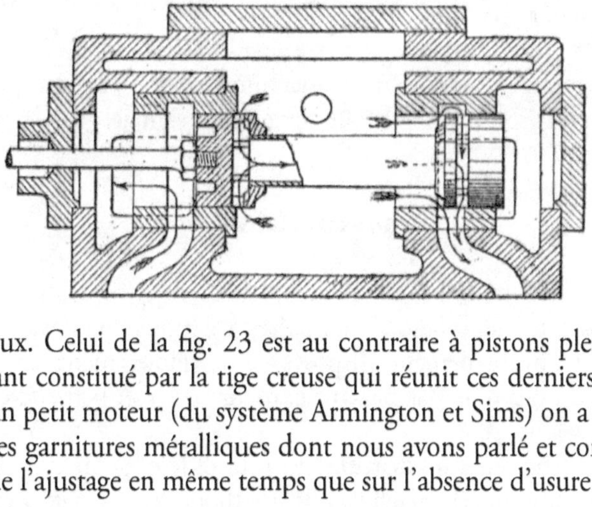

à piston creux. Celui de la fig. 23 est au contraire à pistons pleins, le canal intérieur étant constitué par la tige creuse qui réunit ces derniers ; comme il s'agit ici d'un petit moteur (du système Armington et Sims) on a cru pouvoir supprimer les garnitures métalliques dont nous avons parlé et compter sur la perfection de l'ajustage en même temps que sur l'absence d'usure.

Tiroirs en D

Comme nous l'avons dit (§ 3), les premiers tiroirs dont on a fait usage étaient du système en D, nous avons déjà parlé de ceux dits *en D courts* et représentés par les fig. 7 et 8 ; ce dispositif permet non seulement d'avoir de faibles espaces morts, mais encore de réduire autant qu'on le veut la pression exercée par la vapeur ; en revanche il présente l'inconvénient capital d'être peu étanche à cause des déformations que produit la chaleur sur les segments métalliques des garnitures et il est impossible en marche de s'assurer qu'il ne se produit pas de fuites de vapeur. Le même reproche est applicable aux tiroirs en D longs représentés en perspective par la fig. 24; les deux blocs de tout à l'heure forment ici un tout commun au lieu d'êtres séparés l'un de l'autre, et des garnitures métalliques comprimées par des tresses en chanvre isolent le compartiment d'arrivée de vapeur de celui de l'échappement.

Fig. 24

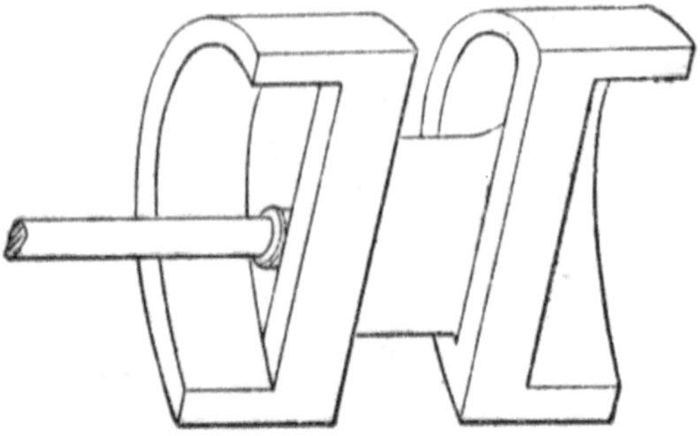

Les tiroirs en D, après avoir été longtemps en usage sur les machines marines, ne sont plus employés maintenant en raison du défaut que nous avons signalé.

Tiroirs circulaires plans

Pour de petits moteurs, on a quelquefois employé des *tiroirs circulaires plans*, c'est-à-dire des plaques circulaires se mouvant, devant les orifices du cylindre convenablement disposés, d'un mouvement de rotation ou d'oscillation autour d'un axe passant par leur centre et perpendiculaire à leur plan.

La fig. 25 représente un distributeur rotatif de ce genre qui a été employé sur un certain nombre de machines Brotherhood à trois cylindres et à simple effet disposés en éventail à 120° les uns des autres dans un même plan ; il a à peu près la forme d'une calotte sphérique et est divisé en deux compartiments V et E qui sont en communication constante, l'un avec la vapeur de la chaudière par l'orifice T pratiqué sur le dos de la calotte, l'autre avec l'atmosphère par l'orifice S ; d'autre part, les trois conduits d'arrivée et de sortie de vapeur des trois cylindres aboutissent aux orifices A, A', A" du siège fixe M *AV*, devant lesquels viennent successivement passer les compartiments V et E du tiroir. On comprend donc facilement que l'une des extrémités de chacun des cylindres à simple effet dont nous avons parlé se trouve mise, alternativement et aux moments voulus, en communication avec la chaudière

Fig. 25

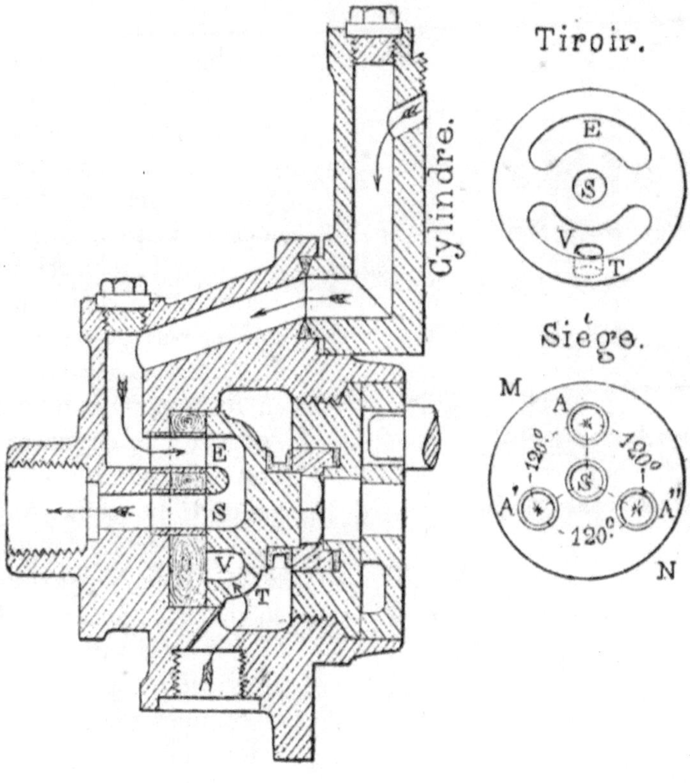

et avec l'atmosphère, et par conséquent le mouvement de l'arbre moteur se produit.

En vue de soustraire un distributeur de ce genre à la pression de la vapeur qui s'exerce sur son dos, on a eu l'idée de le faire double, c'est-à-dire d'en accoler deux semblables de façon à obtenir un équilibrage complet ; la vapeur arrive alors par un conduit annulaire qui fait le tour du tiroir, tandis que l'échappement se produit par la région centrale comme tout à l'heure.

Ce dispositif a l'inconvénient d'être difficilement étanche, et il est maintenant abandonné, ainsi d'ailleurs que le précédent.

Robinets tournants

Pour opérer la distribution de la vapeur, on a fait souvent usage de robinets animés d'un mouvement de rotation continu et dont la cavité intérieure sert en général de passage à la vapeur aussi bien pour l'entrée que pour la sortie, tel est par exemple celui de la fig. 26 qui est relatif à un moteur Brotherhood trois cylindres semblables à celui dont nous avons parlé au paragraphe précédent. Le robinet cylindrique creux faisant fonction de tiroir est partagé par une cloison pleine, en deux parties qui sont en communication constante, l'une avec la chaudière, l'autre avec l'atmosphère. Sur le pourtour du robinet sont pratiquées des fentes longitudinales F' qui viennent successivement en contact avec chacun des trois orifices X qui servent à l'entrée et à la sortie de vapeur des cylindres et, comme dans le cas précédent, le fonctionnement à simple effet de ces derniers se trouve assuré.

Fig. 26

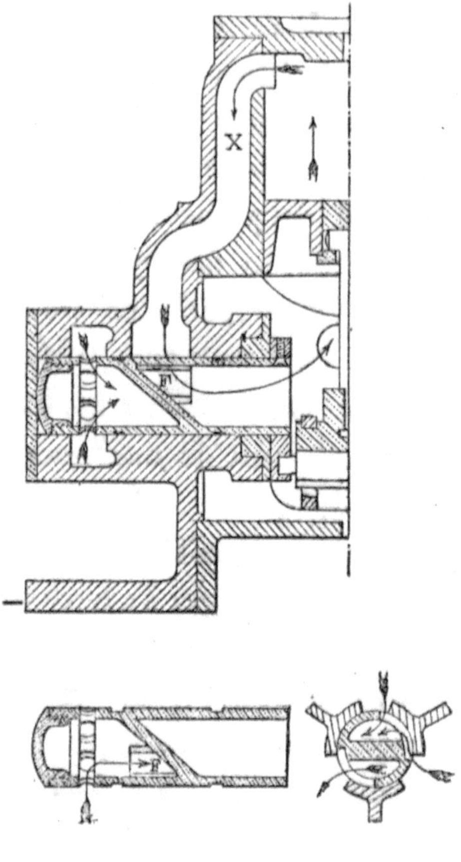

On reproche avec raison à la plupart des distributeurs de ce genre de n'être pas étanches ; il semble cependant qu'avec une exécution soignée et quelques précautions spéciales de détail, il soit possible de se mettre à l'abri de cet inconvénient. Dans le distributeur Biétrix (fig. 27), le robinet légèrement conique tend constamment à être décollé de son boisseau par la pression de la vapeur qui l'applique sur la butée V; c'est en réglant la position de cette dernière qu'on parvient à obtenir l'étanchéité tout en ayant peu de frottement. Un cloisonnement convenablement disposé met chacune des extrémités du cylindre alternativement en communication avec la chaudière et l'échappement. L'extrémité D du distributeur est cylindrique à l'extérieur et entourée d'un boisseau K muni, ainsi que le robinet, de deux ouvertures longitudinales diamétralement opposées ; le boisseau, dont l'orientation est variable soit à la main soit par le régulateur, a pour but de permettre de modifier l'introduction et par suite de faire de la détente.

Fig. 27

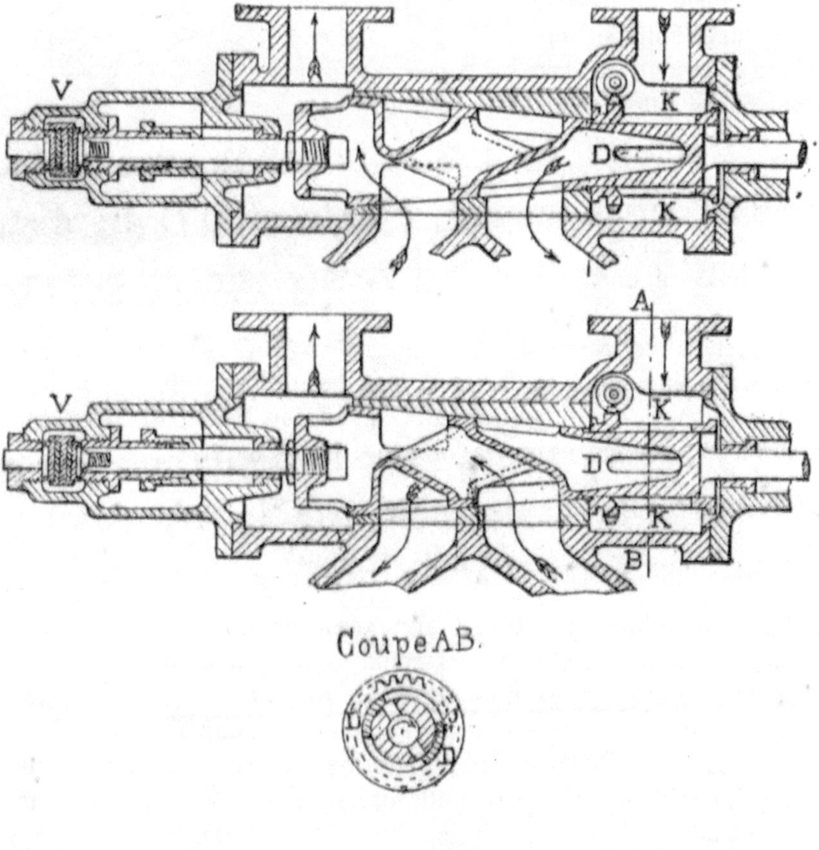

La fig. 27 se rapporte à un moteur à cylindre unique ; dans le cas d'appareils compound un seul robinet peut desservir les deux cylindres à condition de multiplier les cloisonnements, ce qui revient à placer deux distributeurs de ce genre à la suite l'un de l'autre en leur faisant faire corps ensemble. Pour une machine à plus de deux cylindres, un robinet unique peut même suffire. Comme on le remarquera, les espaces morts ont une valeur assez grande.

Il existe un grand nombre d'autres systèmes de distributeurs tournants, et quelques-uns d'entre eux sont établis dans des conditions absolument différentes des précédents ; tel est par exemple le tiroir rotatif *Meyer* (fig. 28) : il est muni, sur sa périphérie, de six bandes longitudinales qui passent successivement en face des orifices du cylindre, de sorte qu'il n'a besoin de faire que 1/6 de tour pendant une révolution complète de l'arbre. Comme on le remarquera, cet engin, qui n'est pas équilibré, n'est autre chose qu'une suite de plusieurs tiroirs venant s'appliquer successivement sur la glace du cylindre pour fonctionner les uns à la suite des autres. En raison de l'égale répartition des bandes en question, le moteur est susceptible de tourner à volonté dans un sens ou dans l'autre.

Fig. 28

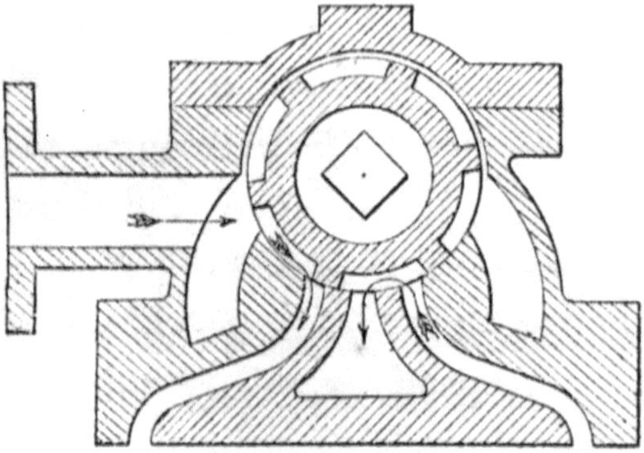

Robinets oscillants

Au lieu de robinets tournant d'un mouvement continu, on peut en avoir d'oscillants ; il en existe d'un assez grand nombre de modèles ; nous nous bornerons à décrire celui qui est représenté par la fig. 29 et qui est placé à chacune des extrémités du cylindre. La vapeur, arrivant par l'un des fonds du distributeur, se rend dans la capacité V et pénètre dans le cylindre quand la fente A est en face de l'orifice O comme sur la figure ; elle s'échappe au contraire par B' quand B et B' se trouvent respectivement devant O et D. Une cloison diamétrale H sépare les deux compartiments d'admission et d'évacuation et l'étanchéité est obtenue à l'aide d'un petit coin appuyé par des ressorts entre deux règles taillées en biseau ; la réaction de ces derniers a en même temps pour effet d'assurer le contact sur le bord opposé de façon à s'opposer aux

Fig. 29

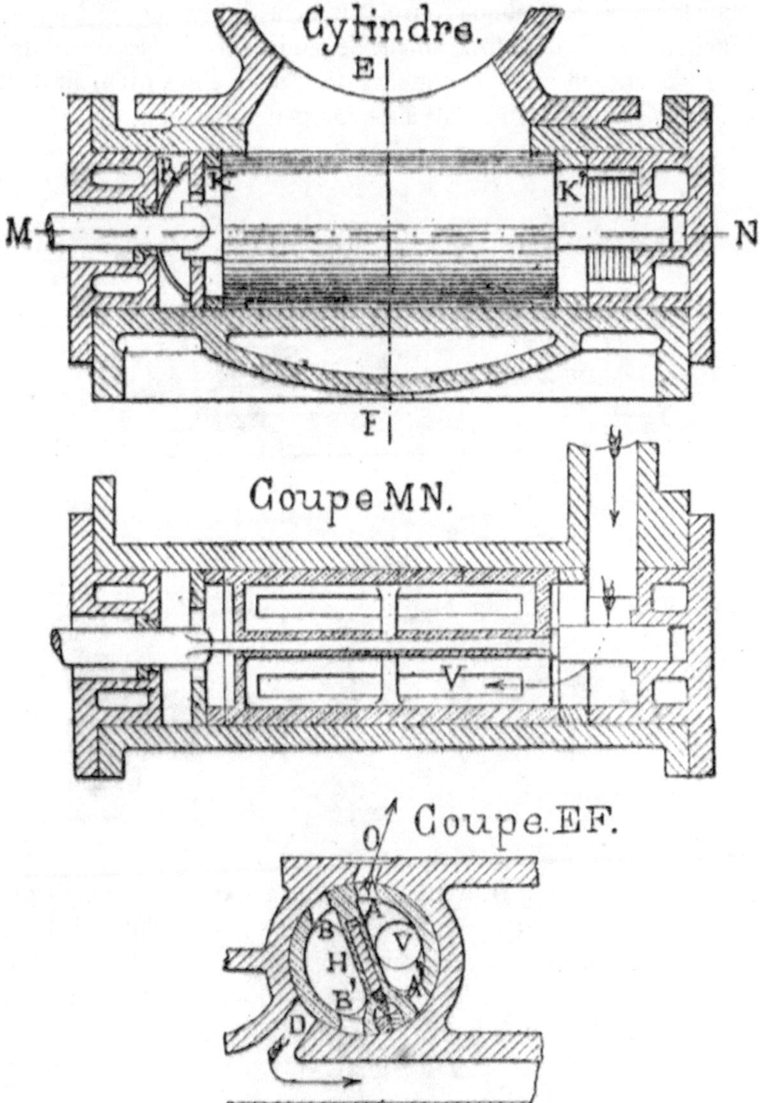

fuites de vapeur. On remarquera, en face de la fente A, une autre A' qui a uniquement pour but d'équilibrer le tiroir et de l'empêcher d'être décollé de A vers A' pendant l'admission ; c'est là une excellente précaution. Aux deux extrémités de l'organe en question l'étanchéité est obtenue par les plaques K et K' que le ressort R applique contre la tranche du tiroir.

Quoiqu'on fasse, il est fort difficile de rendre étanches les distributeurs de ce genre : ils ont, en outre, comme les précédents, l'inconvénient d'être très volumineux dès qu'il s'agit de machines un peu puissantes.

Fig. 30

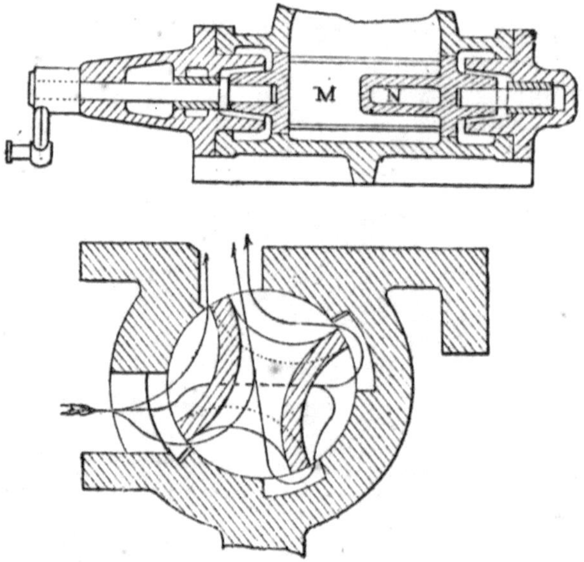

Les robinets oscillants peuvent, comme les autres organes de distribution, être disposés dans le système à orifices multiples : dans celui de la fig. 30 par exemple, quatre lumières se démasquent à la fois : ce résultat est obtenu au moyen de deux canaux à angle droit M et *AV* qui permettent à la vapeur de se mouvoir dans le sens indiqué par les flèches. Quatre distributeurs de ce genre sont employés pour un seul cylindre (machine Deville-Chatel, système Frikart).

Plaques oscillantes

Quand on fait usage de plusieurs distributeurs par cylindre, on a très souvent recours à des *plaques oscillantes* (fig. 31). Chaque tiroir consiste alors en une pièce portant une mortaise longitudinale et frottant sur la glace

Fig. 31

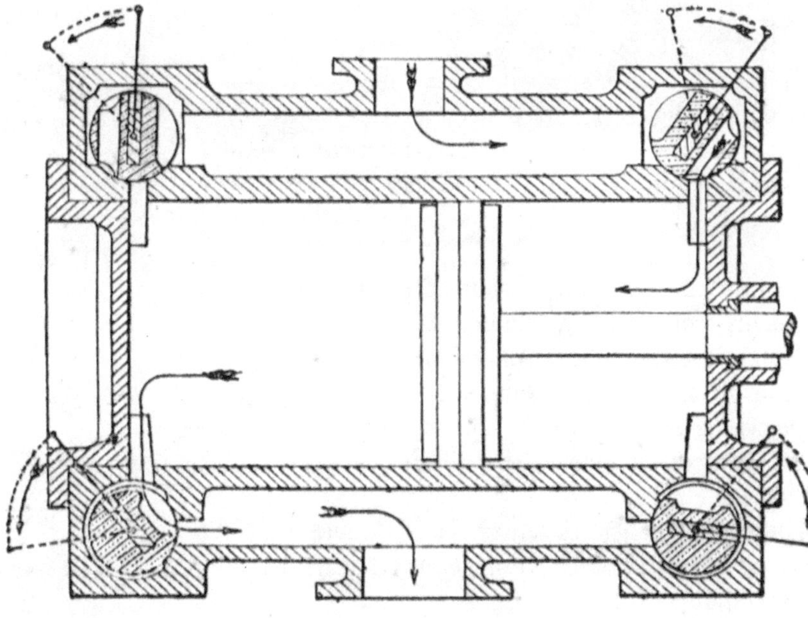

correspondante par une partie cylindrique extérieure parfaitement tournée et rodée ; un axe plat, animé d'un mouvement d'oscillation, s'emboîte à frottement doux dans la mortaise en question et détermine le mouvement du distributeur tout en lui laissant la facilité de s'appliquer d'une façon tout à fait étanche sur la glace ; les deux extrémités de l'axe sont cylindriques et l'une d'elles qui fait saillie au-dehors à travers un presse étoupes ou un simple emmanchement à frottement doux reçoit, d'un levier mû par la machine, le mouvement oscillatoire en vertu duquel chaque orifice est alternativement ouvert ou fermé, leur forme est rectangulaire et s'étend généralement sur toute la largeur du cylindre.

Fig. 31 bis

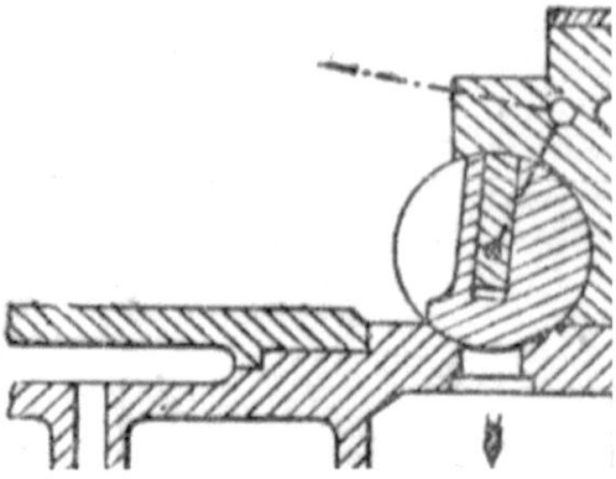

Une précaution spéciale est nécessaire pour empêcher les distributeurs d'évacuation d'être décollés de leur siège pendant leur période de fermeture ; on peut à cet effet disposer un second orifice d'évacuation perpendiculaire au premier et faire en sorte que la vapeur entoure une partie du tiroir d'évacuation (fig. 31) : mais il est préférable de placer l'axe d'oscillation du côté intérieur du cylindre comme cela est indiqué dans la fig. 31bis.

Fig. 32

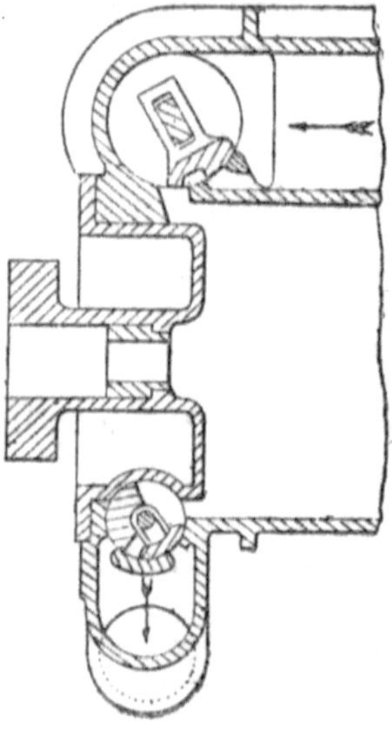

Comme on le voit, chacun des tiroirs précédents constitue en réalité une plaque frottante qui est appliquée sur son siège par la pression de la vapeur ; seulement ils ont ici la forme cylindrique et par suite on leur imprime un mouvement circulaire alternatif au lieu de rectiligne alternatif.

Les plaques oscillantes peuvent être à double orifice ou plutôt à double admission de vapeur comme l'indique la fig. 32.

Fig. 33

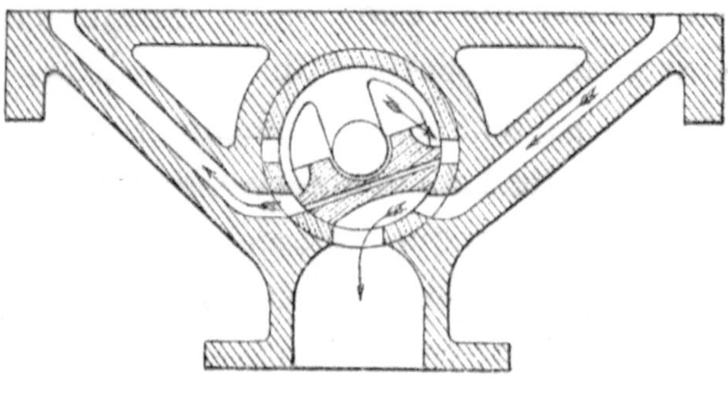

On pourrait également disposer ce genre de distributeur de façon qu'un seul organe, au lieu de quatre, fût suffisant pour un cylindre, c'est ce que fait voir la fig. 33.

Tiroirs fixes (machines oscillantes)

Pour de petits moteurs oscillants dans lesquels l'économie de vapeur a peu ou point d'importance, on profite quelquefois du mouvement d'oscillation

Fig. 34

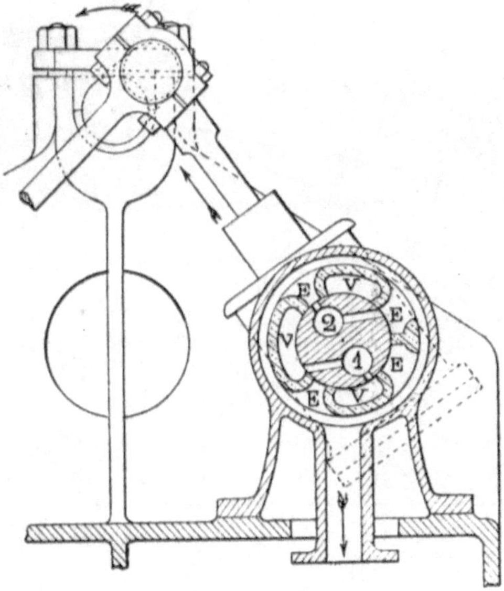

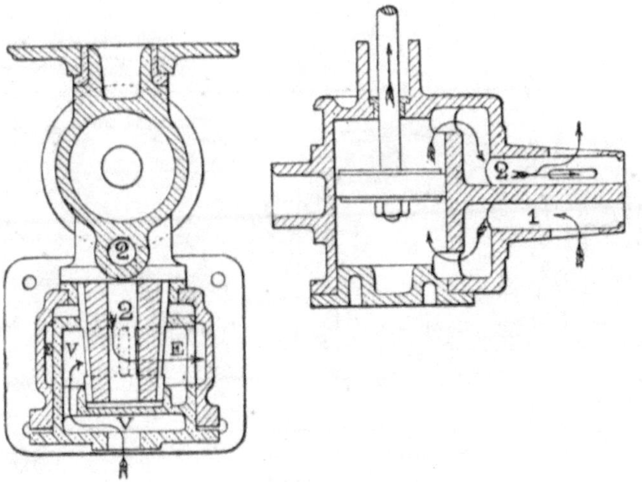

Fig. 35

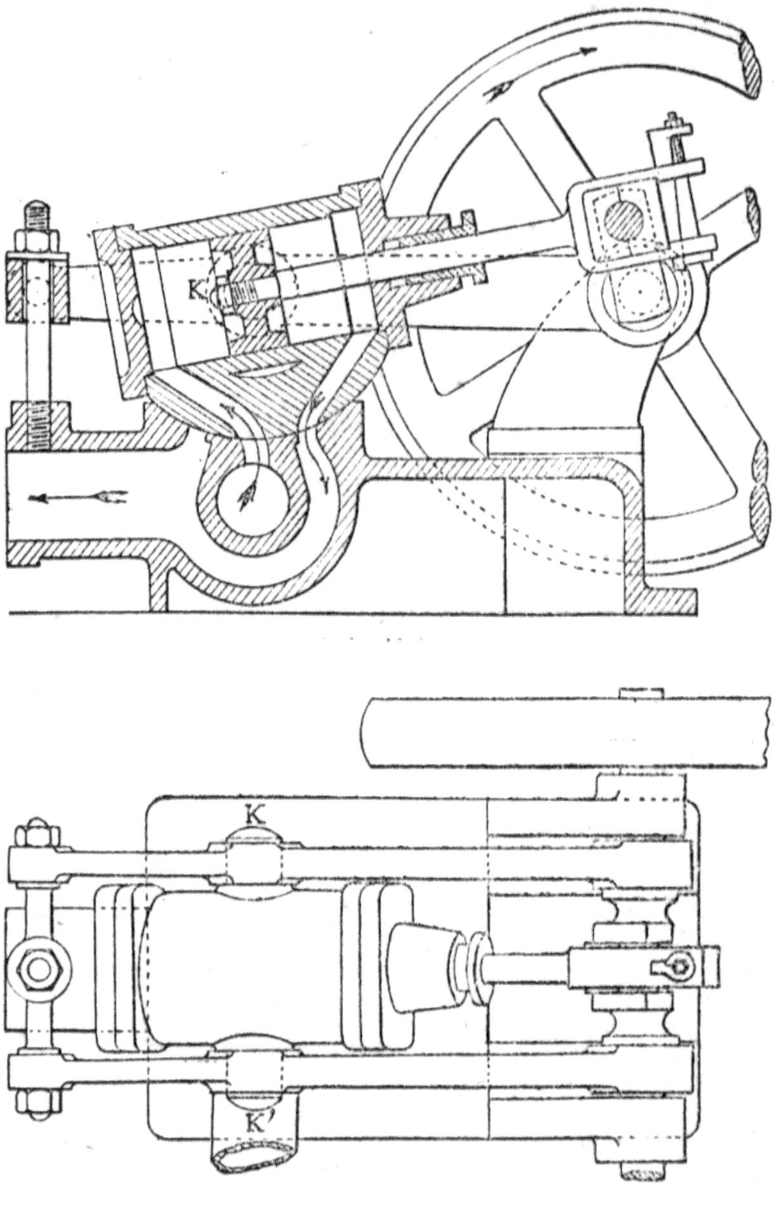

du cylindre pour produire la distribution de la vapeur ; tel est par exemple le cas qui se présente dans la fig. 34. Un des tourillons du cylindre est creux et est divisé en deux portions absolument distinctes 1 et 2 qui ne sont autre chose qu'un prolongement des conduits d'arrivée et de sortie de vapeur des cylindres, dont ils font en réalité partie ; ce tourillon est percé, sur son pourtour, d'orifices au moyen desquels les compartiments 1 et 2 sont alternativement mis en communication avec les capacités fixes V et E qui sont elles-mêmes en relation constante l'une avec la chaudière, l'autre avec le condenseur ou l'atmosphère ; les choses se passent donc évidemment comme si on avait affaire à un robinet oscillant.

On remarquera que, comme nous l'avons déjà dit (§ 4), les orifices d'arrivée et de sortie de vapeur sont à mi-course relative quand le piston est à ses points morts ; on est donc dans le cas d'un tiroir calé à 90° et on ne peut avoir qu'une mauvaise régulation ; en outre, ce dispositif n'est pas étanche ou du moins il cesse rapidement de l'être, il ne convient guère que pour de petits moteurs marchant accidentellement, par exemple des machines de mise en train.

Dans la fig. 35 on trouve un autre système de machine oscillante avec tiroir fixe ; l'oscillation se produit autour des tourillons K, K' et la distribution est produite par le passage des lumières du cylindre sur une glace fixe cylindrique ayant son centre sur l'axe K K' et munie de trois orifices, celui du centre servant à l'admission et les deux autres à l'échappement. Cette petite machine du système Schmidt, est assez souvent employée comme moteur hydraulique ; il en existe encore de plusieurs autres dispositifs.

Soupapes

La distribution de la vapeur peut se faire par soupapes comme du temps de Watt ; de nos jours on en trouve sur un assez grand nombre de machines à déclics ou à cames, elles ont été en outre et sont encore très employées sur les bateaux de rivière américains ; on les fait toujours équilibrées afin de réduire à peu de chose la résistance qu'elles présentent au soulèvement (fig. 36).

Une pièce fixe en bronze B est fixée dans la boîte à soupape C qui remplace la boîte à tiroir habituelle ; elle porte deux sièges coniques sur lesquels viennent retomber les portées de la soupape double A. Celle-ci est fixée sur une tige T qui est soulevée par la machine motrice soit à l'aide de cames, soit par un autre moyen. Si les deux diamètres *d* et *d'* étaient égaux, le distributeur

Fig. 36

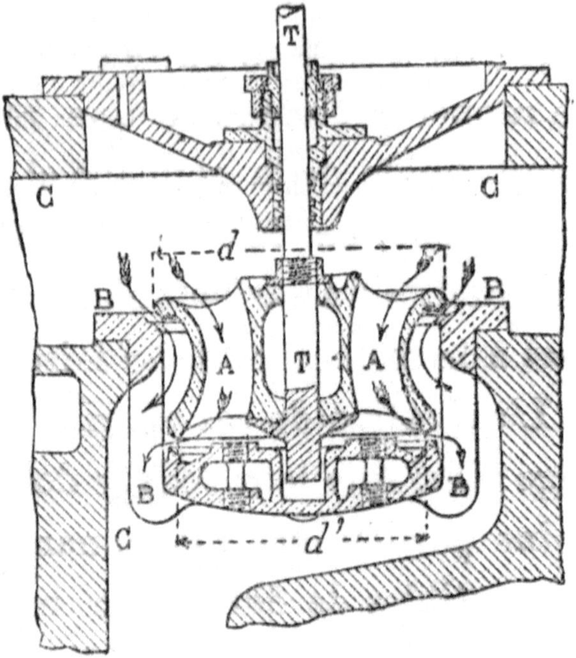

serait évidemment parfaitement équilibré quand il serait appliqué sur son siège, mais on laisse la partie supérieure un peu plus large que l'autre de façon à avoir un petit excès de pression qui assure un bon portage ; on a soin en outre de disposer un ressort de rappel qui produise une retombée suffisamment rapide de la soupape et, si la commande est à déclic, on fait usage, suivant le dispositif habituel, d'un piston amortisseur à air qui permet à la fermeture de se faire sans choc.

L'exécution de ces distributeurs et leur ajustage ainsi que leur rodage doivent être l'objet de soins particuliers moyennant lesquels ils sont susceptibles de donner de bons résultats et de fournir, sans usure sensible et dans d'excellentes conditions d'étanchéité, un long service ; en outre, leur ouverture ou leur fermeture, se fait sans frottement et en démasquant rapidement les orifices. On ne perdra cependant pas de vue qu'il en faut toujours forcément quatre par cylindre, ce qui conduit à une certaine complication dans les mécanismes de commande, aussi c'est surtout pour les machines à terre qu'on en fait actuellement usage.

Emploi de distributeurs multiples

Comme nous avons déjà eu l'occasion de le dire incidemment, on fait souvent usage maintenant, surtout pour les machines à terre, de deux et plus fréquemment de quatre distributeurs pour un seul cylindre. On a ainsi l'avantage de réduire considérablement les espaces morts et d'avoir des conduits d'arrivée et de sortie de vapeur beaucoup moins étendus et entièrement séparés, ce qui diminue notablement les condensations. En outre, comme on le montre en discutant les conditions d'établissement d'une détente un peu prolongée, on reconnaît que cette dernière ne peut être obtenue dans de bonnes conditions avec un distributeur unique servant à l'admission aussi bien qu'à l'échappement ; l'adoption de quatre tiroirs permet donc de se dispenser d'un organe de détente variable.

Nous ferons remarquer enfin que le placement des deux organes spéciaux d'échappement à la partie basse du cylindre permet une expulsion plus rapide et plus complète de l'eau condensée, ce qui est un avantage très appréciable au point de vue du bon fonctionnement économique de l'appareil.

En supposant adopté le principe des quatre distributeurs, diverses solutions peuvent être employées pour leur commande : on peut d'abord actionner d'un mouvement commun, par exemple avec un excentrique, les deux tiroirs d'échappement, tandis que les deux autres seront mus par un organe spécial absolument indépendant du premier et agencé de telle sorte que l'introduction puisse être réglée automatiquement et d'une manière très satisfaisante suivant les besoins du service, sans qu'on ait à modifier en quoi que ce soit le dispositif relatif à l'évacuation. Cette manière de faire est employée sur un certain nombre de moteurs où elle donne d'excellents résultats, surtout depuis qu'on a imaginé de disposer, contre l'excentrique même d'admission, un régulateur à force centrifuge faisant varier, dans de bonnes conditions, la course et le calage de ce dernier.

Une autre solution, beaucoup plus répandue que la précédente est celle à *déclics*, à laquelle Corliss a attaché son nom : les quatre distributeurs sont mus par un seul excentrique qui, comme cela convient en effet, commande d'une manière fixe et invariable les organes d'échappement ; quant à ceux d'admission, ils sont bien entraînés eux aussi par le même excentrique pendant les premiers moments de leur course d'aller mais, grâce à des systèmes de déclics plus ou moins ingénieusement disposés et d'une variété presque innombrable actuellement, ils se séparent brusquement, à un moment donné, de leur mécanisme de commande et ils se ferment subitement sous l'impulsion d'un ressort ou d'un autre organe énergique de rappel en limitant ainsi l'introduction à 1, 2, 3... dixièmes de la course du piston et en produisant une fermeture très rapide des orifices qui est avantageuse au point de vue économique. Le déclenchement en question est opéré, sans effort notable, par le régulateur lui-même, ce qui assure, dans de bonnes conditions, une variation automatique et rapide de la détente. En revanche, les mécanismes à déclics, avec quelque ingéniosité qu'ils soient disposés, sont forcément compliqués et un peu délicats, en outre ils se prêtent mal à des allures très rapides ; aussi quand on tient avant tout à avoir des organes simples et robustes et à réaliser en même temps de grandes vitesses, on n'en fait pas usage et on ne les rencontre guère en effet que sur les moteurs installés à terre et fonctionnant à une vitesse modérée. Sur mer, où la simplicité est une condition d'une importance capitale, on préfère n'employer qu'un seul distributeur par cylindre et c'est là précisément le motif qui a conduit depuis longtemps à adopter, dans la navigation, le système Woolf et ses dérivés parce que, avec un distributeur unique, on peut, grâce à l'emploi des détentes successives, réaliser un fonctionnement très économique.

Les distributeurs multiples peuvent être de l'un quelconque des systèmes que nous avons décrits ; quelques constructeurs les font plans, comme un tiroir ordinaire ou plutôt comme une simple plaque de détente ; ils sont alors d'un entretien et d'une réparation plus faciles. Dans les moteurs Wheelock, ils sont à grille, c'est-à-dire plans et à orifices multiples ; Sulzer fait usage de soupapes équilibrées, etc.; mais la généralité des constructeurs a adopté le dispositif des plaques oscillantes que nous avons décrit précédemment (fig. 18) ; Farcot les loge dans le fond et dans le couvercle du cylindre de façon à réduire le plus possible le volume des espaces morts.

Avec des distributeurs séparés pour l'admission et l'évacuation, les règles que nous avons indiquées au §2 pour la *régulation* d'un tiroir unique ne sont plus entièrement applicables puisque l'indépendance des uns et des autres crée des conditions toutes nouvelles ; en outre, les espaces morts se trouvant extrêmement réduits, il n'y a plus lieu d'avoir d'aussi fortes valeurs pour la période de compression et l'avance à l'admission ; quelquefois même cette dernière est réduite à zéro et, pour la remplacer, on compte sur l'effet du refoulement qui ne commence cependant parfois qu'au dernier trentième de la course du piston et même un peu après ; quant à l'avance à l'échappement, on se contente souvent d'une valeur à peu près égale à la précédente, en raison de la rapidité d'ouverture des orifices. En principe, il convient de disposer les choses de telle sorte que, tant à l'aller qu'au retour, les lumières du cylindre se démasquent et se masquent aussi vite que possible, et on arrive facilement à réaliser ce desideratum, tout en satisfaisant aux autres conditions imposées par un bon fonctionnement et par une grande variabilité dans l'étendue de la détente.

Valves d'arrivée de vapeur

L'accès de la vapeur dans la boîte à tiroir est généralement commandé par une valve, ou un registre ou une boîte d'arrêt qui se manoeuvre à la main ; au moyen de cet organe le mécanicien stoppe la machine quand cela est utile ; il a en outre la facilité, en le tenant plus ou moins ouvert, d'étrangler le passage de la vapeur de façon à régler l'allure du moteur, mais il est préférable d'avoir recours, pour ce dernier objet, à un système de détente variable surtout quand celui-ci est commandé par le régulateur.

Le dispositif le plus simple de valve consiste en un simple papillon, c'est-à-dire en un disque elliptique ou polygonal susceptible de s'obliquer plus ou moins à l'intérieur d'une boîte faisant en réalité partie du tuyautage par lequel arrive la vapeur en se rendant de la chaudière à la machine ; c'est en tournant autour d'un axe qui traverse la boîte en question, que le papillon s'incline de quantités variables en produisant une obturation plus ou moins grande. Quand il est situé dans le plan diamétral du tuyau, la vapeur passe librement, mais on étrangle celle-ci à volonté en agissant sur un levier claveté sur l'axe ci-dessus ; lors de la fermeture complète, le papillon appuie par son pourtour sur un chanfrein oblique qui assure un portage convenable tout en ne permettant pas au coinçage de se produire.

Le papillon est évidemment soumis sur ses deux faces à des pressions notablement différentes l'une de l'autre ; l'expérience prouve d'ailleurs que, quand la vapeur est en mouvement pour passer d'un côté à l'autre, le point d'application de l'effort total exercé ne coïncide pas avec le centre de figure ; une valve dans laquelle l'axe de rotation passe par le centre du disque est exposée à se fermer toute seule quand le levier de manoeuvre n'est pas tenu en place sur le secteur qui lui est adjoint, au moyen d'une vis de pression par exemple. Une division placée sur le secteur ci-dessus permet de connaître de suite le nombre de dixièmes d'ouverture, mais on ne devra jamais perdre de vue que celui-ci ne mesure en aucune façon l'étranglement réellement produit et dès qu'on est rendu à moitié environ, on ne produit plus qu'un effet assez faible en continuant la manoeuvre d'ouverture.

Sur les machines de petite et de moyenne dimension, on a fait autrefois un fréquent usage de valves dont le papillon était actionné plus ou moins heureusement par le régulateur à force centrifuge ; mais, comme nous l'avons dit, un bon système de détente variable automatique est infiniment préférable.

Comme il est facile de s'en rendre compte, un organe, du genre du papillon, ne saurait jamais produire une fermeture hermétique ; aussi, quand on veut obtenir à volonté un arrêt certain et définitif de la machine, fait-on usage d'organes ayant la propriété d'être réellement étanches ; cette précaution est surtout utile quand le moteur est à condensation (à moins qu'on ne prenne le parti de produire une rentrée d'air qui annule reflet du condenseur) parce que la moindre fuite de vapeur suffit alors pour que le mouvement se continue sous l'influence du vide. Dans ces circonstances on peut employer soit des soupapes d'arrêt, qui peuvent être au besoin à double siège, soit d'autres obturateurs étanches tels que les *peet-valves* ; ces divers organes sont mus par des vis et des écrous qui rendent la manoeuvre plus lente il est vrai, mais plus facile ; il convient d'ailleurs de noter que ceux d'entre eux qui présentent des surfaces plates offrent, dans le cas de fortes pressions, de médiocres conditions de résistance malgré les nervures et les autres consolidations dont ils peuvent être munis et qui donnent forcément lieu, comme dans les grands cylindres à vapeur, à des dilatations et à des efforts intérieurs plus ou moins considérables lors des variations un peu brusques de température.

– CHAPITRE III –

MÉCANISMES POUR LA CONDUITE DES DISTRIBUTEURS DE VAPEUR SANS CHANGEMENT DE MARCHE

Observation générale sur les divers modes de conduite

Les distributeurs de vapeur doivent (sauf dans le cas d'organes tournants) être animés d'un mouvement alternatif soit rectiligne, soit circulaire quel que soit leur dispositif ; celui-ci peut d'ailleurs être obtenu d'un grand nombre de manières que nous allons indiquer en nous occupant d'abord du cas où il n'y a pas de changement de marche à produire, comme cela a effectivement lieu pour la plus grande partie des moteurs employés à terre.

Conduite par un excentrique

L'excentrique est très souvent employé pour imprimer au tiroir le mouvement alternatif qui lui convient ; le chariot de l'excentrique est claveté sur l'arbre de couche ou quelquefois, mais plus rarement, sur un arbre parallèle de plus petites dimensions qui est lui-même commandé par le précédent au moyen d'une paire d'engrenages de même diamètre. La bielle d'excentrique agit toujours à la façon d'une *bielle directe* à moins que l'emplacement extrêmement restreint dont on dispose ne conduise à avoir recours au dispositif des *bielles renversées* ; dans tous les cas son extrémité est guidée soit par une glissière, soit par un levier oscillant autour d'un point fixe. Généralement la bielle est invariablement reliée à la tige du tiroir ; dans quelques cas particuliers cependant on peut séparer à volonté mais momentanément (par exemple pour un stoppage, une mise en marche ou un changement de marche) la bielle de la tige ; c'est le dispositif à *déclenche*.

Conduite par une bielle et une manivelle

Au lieu d'un excentrique, on peut évidemment avoir recours à une bielle et à une manivelle dont l'arbre est l'arbre de couche, ou un autre parallèle au premier et commandé par des engrenages de même diamètre.

Il n'y a rien de particulier à dire à ce sujet, si ce n'est que, pour les grands appareils, on fait souvent usage de deux tiges afin de remédier aux déviations que le tiroir commandé en un seul point pourrait prendre par suite de l'inégalité des frottements s'exerçant sur une surface très étendue.

Les doubles tiges peuvent, du reste, s'employer avec un excentrique, comme avec une bielle et une manivelle.

Conduite par cames

La came, dont on fait quelquefois usage pour produire la distribution de vapeur, se compose d'un mamelon A (fig. 37) qui est claveté sur un arbre B et dont la section faite perpendiculairement à l'axe de celui-ci a pour profil une courbe *non concentrique* sur tout son pourtour avec l'arbre ; le galet circulaire G, qui s'appuie constamment sur la came, se trouve ainsi animé d'un mouvement rectiligne alternatif qu'il transmet au cadre D avec lequel il fait corps, et par suite à la tige T du distributeur ; celui-ci se déplace par conséquent pendant un tour de la différence $\alpha\beta$ des rayons maximum et minimum suivant une loi qui dépend du profil arbitraire de la came.

Il est nécessaire que le galet reste toujours en prise avec la came afin d'éviter des chocs qui seraient évidemment désastreux pour la solidité du mécanisme ; on est bien certain que cette condition est toujours remplie pendant la période de soulèvement (pour la partie $m\beta$, quand la rotation a lieu dans le sens *f*), mais il n'en est forcément pas de même lors du passage sur l'autre arc βn ; aussi, pour assurer ce résultat, fait-on usage d'un ressort énergique de rappel, à lames

Fig. 37

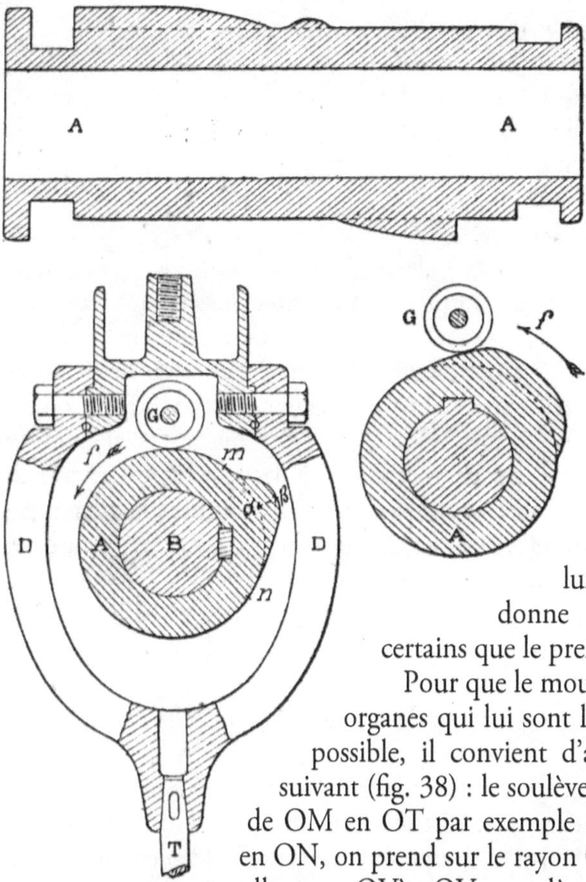

ou à boudin, qui se comprime pendant le soulèvement de la came et repousse ensuite en sens inverse le distributeur avec son cadre aussitôt après le passage du point le plus saillant β. Dans le même but on a employé quelquefois un petit piston comprimant de l'air dans un cylindre creux lors de son soulèvement et renvoyé ensuite par la force élastique de celui-ci ; mais ce dispositif donne des résultats moins certains que le premier.

Pour que le mouvement du galet et des organes qui lui sont liés soit aussi doux que possible, il convient d'avoir recours au tracé suivant (fig. 38) : le soulèvement devant avoir lieu de OM en OT par exemple et la retombée de OT en ON, on prend sur le rayon OT une longueur OV' telle que : OV` = OV + soulèvement donné αβ et on trace une courbe VV`V" tangente aux trois circonférences décrites de O comme centre avec OV, OV' et OV" pour rayons. La courbe cherchée *m*β*n* est alors l'enveloppe des circonférences décrites des différents points de VV'V" avec V*m* pour rayon ; on s'arrange souvent de façon qu'il y ait une portion plus ou moins étendue α'β' pendant laquelle le distributeur reste immobile.

Les dispositifs de ce genre permettent d'ouvrir et de fermer rapidement les orifices, ce qui est une chose avantageuse : quand ils sont parfaitement exécutés avec des matériaux de choix, ils sont susceptibles de bien fonctionner

Fig. 33

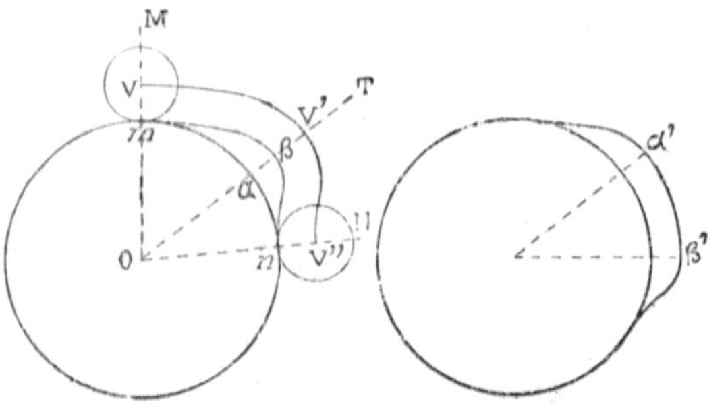

en service courant, même à des allures assez rapides. Afin de pouvoir remédier à l'usure, on aura soin de faire en sorte que celle-ci se porte à peu près tout entière sur le galet qui est facile à changer, aussi convient-il que la came soit faite avec un métal aussi dur que possible, en acier trempé par exemple.

Les cames sont généralement employées à actionner les soupapes équilibrées dont nous avons parlé au § 20 ; la manoeuvre de ces dernières rentre alors dans la catégorie de celle des soupapes dites accompagnées, c'est-à-dire soutenues constamment par le mécanisme de commande et déposées par lui avec douceur sur leur siège, au lieu d'être, comme dans d'autres circonstances, abandonnées brusquement à elles-mêmes par un mécanisme à déclic auquel doit être alors toujours joint un piston amortisseur à air destiné à diminuer, sinon à supprimer les chocs. Les cames peuvent aussi actionner des distributeurs autres que des soupapes, par exemple des glissières planes, comme cela se présente dans un certain nombre de moteurs.

Conduite au moyen de mécanismes à déclic

Sur les moteurs du genre Corliss et leurs nombreux dérivés, on fait usage, pour chaque cylindre, de quatre distributeurs séparés (tiroirs plans, plaques oscillantes, robinets oscillants ou soupapes) ; ceux de l'échappement sont mus d'un mouvement continu par la machine, tandis que les deux d'admission sont à déclic, c'est-à-dire qu'à un moment donné ils sont, par l'action d'un système de déclenchement, abandonnés à eux-mêmes et rappelés brusquement à leur position de fermeture sous l'action énergique d'un ressort, d'un piston à vapeur ou par d'autres moyens. On peut ainsi réaliser facilement de très faibles introductions en même temps qu'une excellente distribution de vapeur, comme nous avons déjà eu l'occasion de le dire (§ 21) ; en particulier l'ouverture et la fermeture des orifices se font avec une grande rapidité et le déclenchement de chacun des tiroirs s'opère, sans effort appréciable, par le moyen du régulateur à force centrifuge, c'est-à-dire dans d'excellentes conditions.

La fig. 39 représente l'un des innombrables dispositifs des machines Corliss, celui qui est dit à *lame de sabre* : la bielle AB de l'excentrique moteur des tiroirs imprime un mouvement oscillatoire au plateau C mobile autour

Fig. 39

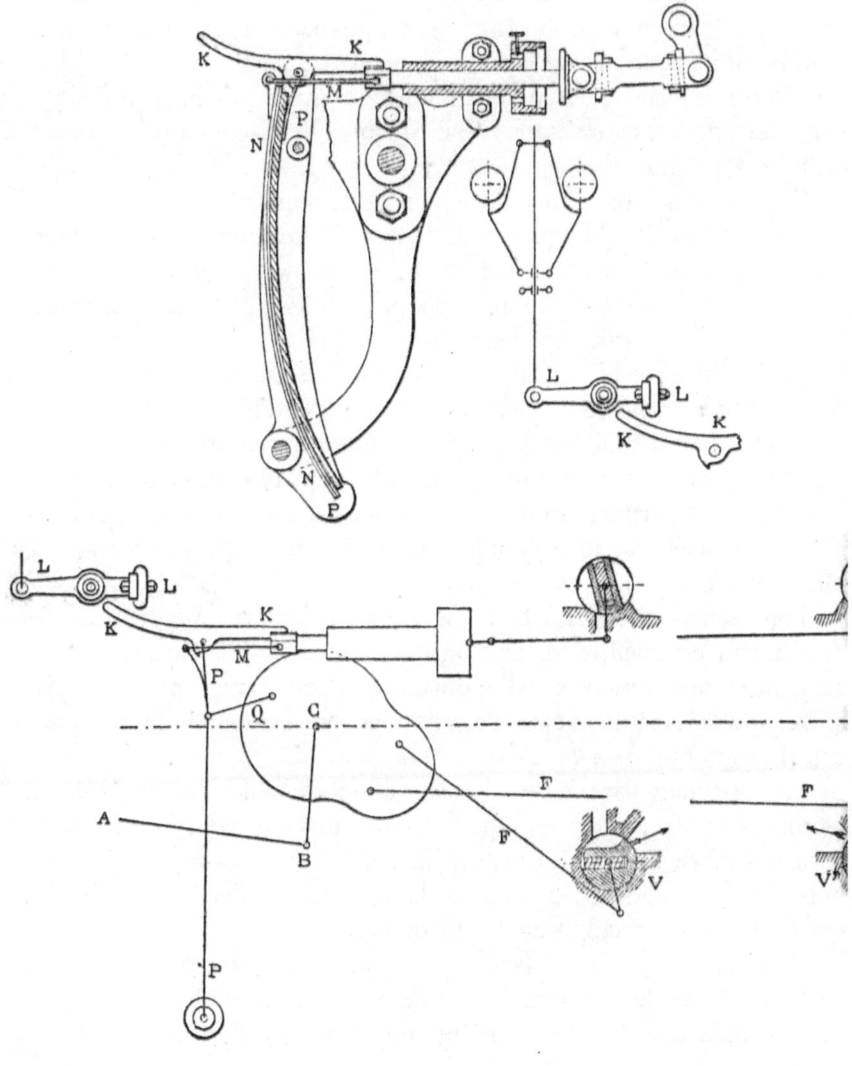

d'un axe perpendiculaire à son plan ; deux bielles F articulées à l'une de leurs extrémités sur ce plateau font mouvoir les deux plaques oscillantes V et V' qui servent à l'échappement ; rien de particulier n'est à noter de ce côté.

Quant aux tiroirs d'admission, ils sont actionnés par les organes moteurs de la machine tant que les linguets K (un par distributeur) sont en prise avec le talon correspondant ; pendant la période en question le levier P, mû par la bielle Q et le plateau C, fait marcher vers la droite le tiroir correspondant ; mais à partir du moment où la queue du linguet K a rencontré un butoir L dont la hauteur variable est fixée par le régulateur, ce linguet se désempare de son talon et le distributeur, devenant libre, est vivement rappelé vers la gauche par le ressort en *lame de sabre AV* ; c'est alors que la fermeture de l'orifice du cylindre se produit.

Il y a, bien entendu, pour les deux plaques d'introduction, deux systèmes séparés de leviers P, de linguets et de ressorts. Pour diminuer l'encombrement du système, chacun de ces derniers prend son point d'appui sur la partie basse du levier correspondant P dont le dos présente une gouttière ménagée à cet effet ; quant à la partie supérieure du ressort, elle est reliée invariablement à la tige du distributeur par la petite bielle M ; à chaque commencement de course, vers la droite du linguet K, le ressort est entraîné avec la bielle M et le tiroir, et il est par suite bandé par la machine ; en retournant vers la gauche, il se détend brusquement et reste immobile jusqu'à ce que le linguet K, à son bout de course, vienne mordre de nouveau, par l'action de son poids, sur le talon correspondant, après quoi les choses recommencent indéfiniment de la même manière.

Pour éviter les chocs à bout de course, la vitesse de rappel de chaque distributeur est ralentie par l'action d'un piston mobile dans un cylindre à air dont le fond porte une petite ouverture qu'on étrangle plus ou moins au moyen d'une vis formant partiellement bouchon ; l'ensemble de ce mécanisme constitue ainsi un *frein à air*.

Comme nous l'avons dit, il existe d'innombrables variétés du système Corliss et de ses dérivés; les modifications qui y ont été apportées dans ces dernières années ont consisté principalement à faire en sorte que l'introduction puisse croître graduellement, suivant la résistance à vaincre, entre des limites très étendues, par exemple de 0 à 0,7 ou 0,8.

Comme on s'en rend facilement compte en étudiant les conditions de la variabilité de la détente, il est nécessaire à cet effet d'utiliser, pour le déclenchement, aussi bien le retour que l'aller de l'excentrique moteur ;

une fois posée, la question a été résolue de bien des manières et d'une façon satisfaisante par plusieurs constructeurs ; on est également parvenu à réaliser ce desideratum que, dans le cas d'une cessation de fonctionnement du régulateur produite par une cause quelconque, le moteur, au lieu de s'emporter, s'arrête automatiquement.

Un autre perfectionnement a consisté à faire en sorte que le butoir et le linguet dont nous avons parlé n'aient, au moment de leur rencontre, qu'une vitesse relative aussi faible que possible ; le choc qui se produit à ce moment étant considérablement atténué, il est alors évidemment possible de faire usage de moteurs tournant à une allure plus rapide ; tel est par exemple le dispositif Sulzer de 1878 et celui de Frikart. Pour plus de détails sur ces divers points et pour une étude plus complète, nous ne pouvons que renvoyer aux nombreux ouvrages où les moteurs Corliss et leurs variantes sont l'objet de longues descriptions.

Conduite au moyen de butoirs

Dans un certain nombre de pompes à vapeur on supprime l'arbre moteur afin de simplifier le mécanisme ; le tiroir est généralement actionné par des butoirs fixés sur la tige du piston; et il est alternativement ouvert à l'admission et à l'évacuation vers les extrémités de course ; on a soin d'ailleurs que l'orifice du cylindre à vapeur soit fermé par le piston moteur un peu avant chaque bout de course de façon à produire une forte compression qui arrête celui-ci en temps voulu et l'empêche de venir frapper contre le fond ou le couvercle du cylindre.

Quand la vitesse est un peu grande et quand les organes à mettre en mouvement n'ont pas une masse très faible, il est à craindre que les chocs déterminés par le jeu des butoirs ne compromettent la solidité du système ; on fait alors souvent usage d'un petit piston à vapeur auxiliaire qui déplace le tiroir dans le sens voulu et dont le mouvement est lui-même déterminé par la fermeture ou l'ouverture d'organes très légers contre lesquels vient porter le piston de la machine motrice.

Dans d'autres dispositifs une lame plate et droite, tordue en hélice comme une aile de moulin à vent et régnant sur toute la longueur du cylindre, est actionnée d'une façon continue par une mâchoire fixée à la tige du piston ;

cette lame est ainsi animée d'un mouvement oscillatoire et elle est susceptible de déplacer sans choc les tiroirs.

Dans beaucoup de pompes à vapeur du genre de celles qui nous occupent, on fait usage de deux cylindres (pouvant alors fonctionner en compound pour mieux utiliser la vapeur) et c'est chacun des pistons qui, à mi-course, ouvre et ferme le tiroir de l'autre cylindre ; il est facile de comprendre que, d'après cela, les deux pistons se meuvent l'un par rapport à l'autre à peu près comme s'ils étaient commandés par des manivelles à 90°, ce qui rend beaucoup plus régulier le mouvement de l'eau refoulée par la pompe.

Les dispositifs du déplacement des tiroirs opéré par le piston et sa tige ne se rencontrent guère que dans des moteurs, sans arbre, de petites dimensions ; il en existe cependant des exemples pour des machines d'assez grande puissance à quatre distributeurs, ceux d'admission étant toujours mus par un excentrique, mais les deux autres étant directement actionnés par la tige du piston, par exemple à l'aide de petits galets venant agir sur des plans inclinés, mais ce sont là des agencements tout à fait exceptionnels et sans avantage réel.

Distribution de vapeur sans tiroir

Nous venons de voir que la distribution peut être opérée par le mouvement même du piston moteur et de sa tige qui actionnent alors directement les tiroirs ; il est évidemment possible d'aller plus loin encore dans cette voie, en supprimant ces derniers et en faisant ouvrir et fermer par les pistons eux-mêmes des orifices d'admission et d'échappement convenablement disposés ; à vrai dire, les tiroirs n'existent plus ou plutôt c'est le même organe qui remplit à la fois ce rôle et celui du piston à vapeur. Des agencements de ce genre ont été employés à diverses reprises sur de petits moteurs ; ils sont à coup sûr ingénieux, mais ils ne sont pas à recommander surtout au point de vue du bon fonctionnement économique.

Parmi les machines qui fonctionnent sans distributeurs, il convient également de citer les moteurs rotatifs dans lesquels des poches ou cavités, dont le volume varie par suite de la marche même du mécanisme, sont offertes à la vapeur ; celles d'entre elles qui communiquent momentanément avec la chaudière tendent forcément à augmenter de volume (et c'est ce qui détermine et entretient le mouvement), tandis que l'échappement se fait par les autres. Une autre catégorie de moteurs, qui ne possède pas non plus de tiroirs, est celle des turbines à vapeur qui ne sont autre chose que des appareils à réaction et qui sont quelquefois employés pour faire mouvoir soit des ventilateurs, soit des dynamos.

Les uns et les autres peuvent être parfois commodes dans des circonstances spéciales, mais ils ne sont pas du tout économiques.

– CHAPITRE IV –

Changement de marche.
Appareils qui le produisent sans faire varier en même temps l'introduction.

Principe du changement de marche.

Certaines machines à terre, celles des laminoirs et des appareils d'extraction par exemple, ont besoin de pouvoir tourner à volonté dans deux sens différents ; il en est de même pour les machines marines et il est nécessaire, surtout pour ces dernières, non seulement que ce changement de marche soit possible, mais encore qu'il s'effectue avec une très grande rapidité, en un petit nombre de secondes. Voyons comment on peut résoudre ce problème et, pour fixer les idées, considérons d'abord le cas d'un moteur muni d'un tiroir à coquille.

Supposons que, la machine tournant dans le sens de la marche en *AV*, le piston soit rendu à son point mort bas, et soit *f* le sens dans lequel s'effectue la rotation de l'arbre du tiroir (fig. 40) ; nous savons qu'à ce moment l'orifice X doit être déjà un peu ouvert et que la manivelle IT doit avoir dépassé d'environ 125° son point mort. Imaginons maintenant que, le piston restant à son point mort bas, on veuille disposer les choses pour que la machine tourne dans le sens *f* de la marche en *AR* ; l'orifice X devra évidemment rester un peu ouvert afin qu'il y ait de l'avance à l'admission, il ne faudra donc pas changer la position du distributeur. D'autre part, la rotation ayant lieu maintenant suivant *f*, la manivelle du tiroir devra, en vertu du même principe que tout à l'heure, occuper une nouvelle position IT' faisant avec IY et dans le sens de *f* un angle YIT' égal à 125°, et la bielle KT se trouvera par conséquent en KT'. Donc, pour disposer les choses pour la marche en *AR*, il suffit, le piston restant immobile, de faire tourner la manivelle du tiroir de l'angle TIT' sans changer en rien les dimensions du distributeur, la longueur de sa tige et de sa bielle, ainsi que sa course.

Fig. 40

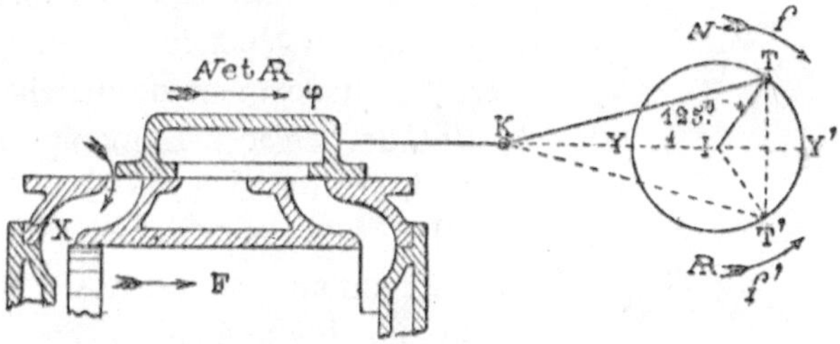

Tel est le principe fondamental du changement de marche dans les machines à vapeur, il peut s'énoncer ainsi : tous les organes du moteur étant disposés pour la marche en *AV*, il suffit, pour que celui-ci soit prêt à tourner en *AR*, de faire tourner la manivelle du tiroir de l'angle TIT' *dans le sens de la marche* en *AV*, c'est-à-dire en lui faisant continuer son mouvement. De même pour passer de la rotation *AR* à l'autre, on opérera le déplacement TIT' en l'effectuant, comme précédemment, *dans le sens de la marche qu'il s'agit de renverser.*

Pour un tiroir à coquille, l'angle TIT' a pour valeur :

$$\begin{aligned} \text{TIT'} &= 360° - (\text{YIT} + \text{YIT'}) \\ &= \text{environ } 360° - 250° = 110° \end{aligned}$$

On lui donne le nom d'*angle du toc*[16], *ou angle des deux excentriques, ou angle de décalage, ou encore angle de renversement de marche.*

Dans la position que nous avons considérée pour la machine, piston bas ou piston haut, le tiroir occupe la même position (ou à peu près dans la pratique) pour les deux marches ; cela tient à ce que la direction YY' de la tige du tiroir est alors bissectrice de l'angle TIT' dont doit tourner la manivelle, mais on voit de suite qu'il n'en est pas de même pour une position quelconque ; le distributeur, en se déplaçant, ne revient pas, sauf dans les deux cas particuliers ci-dessus, au point d'où il était parti.

16 Cette dénomination provient du dispositif de changement de marche adopté dans les anciennes machines marines à balancier.

Si le distributeur était du système en D, c'est-à-dire à admission par les arêtes intérieures, la manivelle devrait passer de la position IT à IT' (fig. 41), de façon à faire, dans chaque cas, un angle de 55° environ avec IY et en sens inverse du mouvement, et l'on aurait :

Fig. 41

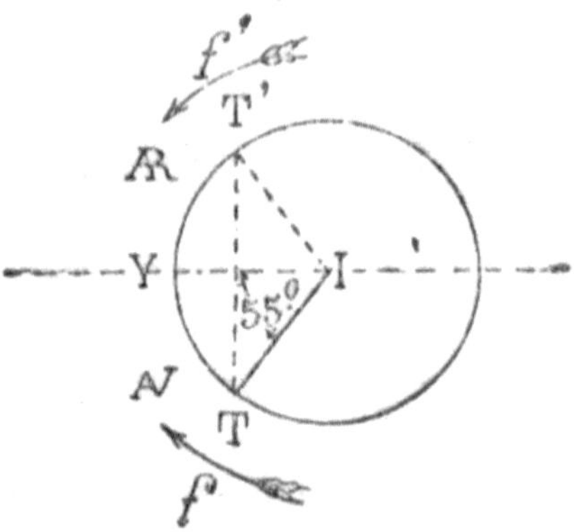

TIT' = 55° + 55° = 110°

ce qui est la même valeur que précédemment. On peut donc dire d'une manière générale que, pour opérer le changement de marche, il suffit de déplacer la manivelle du tiroir d'environ 1100 dans le sens du mouvement de rotation du tiroir qu'on veut renverser, le piston du cylindre étant maintenu immobile pendant ce temps.

Moyens employés pour produire le changement de marche

Comme on le voit, théoriquement rien n'est plus simple que de renverser le sens de marche d'une machine si par exemple le tiroir est conduit par une manivelle clavetée sur un arbre, il suffira de pratiquer sur celui-ci une seconde mortaise distante de la première de 110° et de fixer, au moyen de la même clavette, la manivelle dans la deuxième position en question. Avec un excentrique, le même changement de clavetage suffirait. On pourrait encore, pour conduire la bielle du distributeur, faire usage d'un tourteau plein fixé invariablement sur l'arbre et muni de deux oeils distants de 110° environ ; en fixant à volonté l'extrémité de la bielle dans l'un ou l'autre d'entre eux, au moyen d'un boulon, on résoudrait le problème qui nous occupe : Dans la pratique ces procédés sont inadmissibles comme étant beaucoup trop lents[17],

17 Dans les machines marines actuelles on exige généralement maintenant qu'on puisse, la machine étant balancée c'est-à-dire en état de partir, la mettre en marche en moins de 15 secondes soit en avant, soit en arrière ; l'appareil étant lancé à toute vitesse en *AV*, on doit en outre pouvoir le faire tourner en *AR* en 30 secondes et inversement. Ces résultats sont possibles grâce à l'emploi de mises en train à vapeur ; on peut même descendre au-dessous des chiffres précédents. Avec la simple manoeuvre à bras, un temps triple environ est nécessaire.

il faut donc avoir recours à des dispositifs plus perfectionnés, mais en même temps plus compliqués.

Changement de marche à un seul excentrique à calage variable, avec déclenche

Dans les anciennes machines à balancier placées sur des navires à roues, le tiroir était mû par un excentrique emmanché sur l'arbre moteur et fou sur lui (fig. 42) ; celui-ci portait un butoir DEF faisant corps avec lui, tandis que sur le chariot d'excentrique M était fixé un toc AC. Suivant le sens dans lequel

Fig. 42

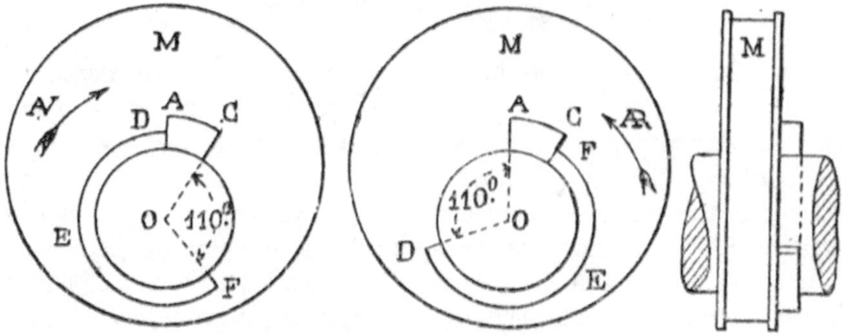

tourne l'arbre des roues, l'entraînement du toc et par suite de l'excentrique se fait par l'une ou l'autre des extrémités du butoir, ce qui correspond, comme on le voit, à un changement de colage COF = DOA auquel on donne une valeur d'environ 110°. Pour opérer le changement de marche, on déclenchait la bielle d'excentrique c'est-à-dire qu'on séparait son extrémité de la tige du tiroir et, en manoeuvrant alors ce dernier à la main au moyen d'un mécanisme approprié, on déterminait à volonté le départ de la machine dans un sens ou dans l'autre ; le butoir venant alors naturellement en contact avec le toc, il suffisait de *réenclencher* à ce moment pour que le mouvement se continuât ensuite indéfiniment dans les conditions voulues.

Un dispositif de même genre a été longtemps employé sur les machines oscillantes marines ; seulement, en raison du mouvement d'oscillation du cylindre, l'extrémité de la bielle d'excentrique faisait mouvoir directement non pas la tige du tiroir, mais un secteur circulaire dans lequel cette dernière venait coulisser et qui, ayant pour centre le point même d'oscillation du cylindre moteur, produisait, au moins dans sa position moyenne, ce résultat que le distributeur ne subissait pas de déplacement par suite de l'oscillation en question. Actuellement, pour les machines de ce genre, on préfère se servir de la coulisse de Stephenson à deux excentriques, en ayant d'ailleurs toujours recours au secteur dont nous venons de parler : le dispositif du toc avec son butoir exige en effet une manoeuvre assez délicate ; elle n'est d'ailleurs possible, comme on le comprend facilement, qu'avec des appareils à allure lente comme ceux des navires à roues.

Changements de marche à un seul excentrique à calage variable, sans déclenche

De nombreux dispositifs ont été imaginés pour se dispenser d'avoir à déclencher et à réenclencher la bielle d'excentrique ; un certain nombre d'entre eux comprennent un excentrique qui est fou sur l'arbre moteur ou sur un arbre parallèle et qui lui est relié par un moyen tel que le calage peut recevoir les deux valeurs qui conviennent respectivement à la marche en *AV* et à celle en *AR*. Des agencements mécaniques plus ou moins ingénieux et plus ou moins compliqués ont été imaginés pour résoudre ce problème ; l'un des meilleurs consiste à faire usage d'un arbre spécial auquel sont invariablement reliés les excentriques ou les manivelles des divers tiroirs et c'est celui-ci qu'on décale alors pour changer le sens de rotation ; le plus usité des dispositifs de ce genre est celui qui a été imaginé par Mazeline et que nous allons décrire.

Changement de marche Mazeline

Comme nous venons de le dire, les tiroirs sont, dans un grand nombre de machines marines, conduits par un arbre spécial mis en mouvement par l'arbre de couche[18] et le changement de marche s'effectue en décalant le

18 Ce dispositif permet de placer les tiroirs au-dessus des cylindres dans les machines horizontales, et sur le côté clans les appareils à pilon ; dans les deux cas l'encombrement du moteur en longueur se trouve évidemment diminué, ce qui est un avantage très appréciable.

second arbre par rapport au premier, c'est-à-dire en le faisant tourner, dans le sens convenable, d'un nombre de degrés égal à l'*angle de décalage*. Voici comment ce résultat est obtenu : AB étant le tourteau plein dont nous avons parlé (§ 31) imaginons que nous réunissions les deux oeils V et V' (fig. 43) par une rainure circulaire et supposons que la tête de bielle soit munie d'une broche perpendiculaire au plan du tourteau et pénétrant dans la rainure en question ; il suffira évidemment de prendre à la main l'extrémité de la bielle et de lui faire occuper les positions V et V' pour que la machine soit prête à tourner soit en *AV*, soit en *AR*.

Fig. 43

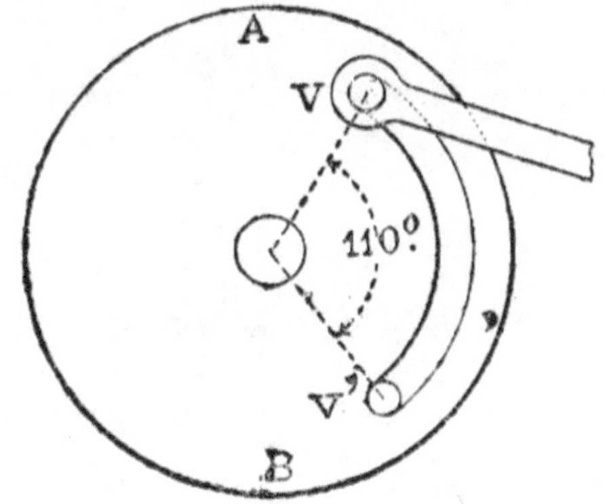

Tel est le principe sur lequel est basé le changement de marche Mazeline ; seulement, au lieu de déplacer séparément la bielle de chaque tiroir, on décale d'un seul coup l'arbre spécial qui les actionne toutes ; en outre, afin de réduire l'effort qui est nécessaire pour le mouvement en question, on emploie un train *épicycloïdal* de roues dentées, comme l'indiquent les fig. 44 A et 44 B. Tout d'abord il convient de signaler que la roue dentée K, clavetée sur l'arbre de couche, entraîne dans son mouvement la roue de même diamètre A qui est folle sur l'arbre des tiroirs ; dans cette dernière est pratiquée une rainure CD tout à fait analogue à celle dont nous venons de parler et dont l'une ou l'autre des extrémités vient appuyer contre le bouton ou *toc* b_1, fixé à l'extrémité du bras BB qui lui-même fait corps avec l'arbre des tiroirs. Le train épicycloïdal sert à opérer le déplacement du bras en question et de tout le train des distributeurs ; voici comment il est disposé : sur le bouton *b* du bras BB sont enfilées à frottement doux deux roues *p* et P solidaires l'une de l'autre ; *p* engrène avec le secteur EF pratiqué dans la roue A, et il en est de même pour P avec le pignon Q fixé sur la même douille que le volant de manoeuvre V actionné par la main du mécanicien ou par un petit moteur spécial à vapeur dit de mise en train. Il est facile de comprendre que, en vertu des propriétés des trains épicycloïdaux, toute rotation imprimée à V dans un sens ou dans l'autre a pour effet de déplacer le toc de α en β ou inversement, la roue K et par suite A étant

Fig. 44 A

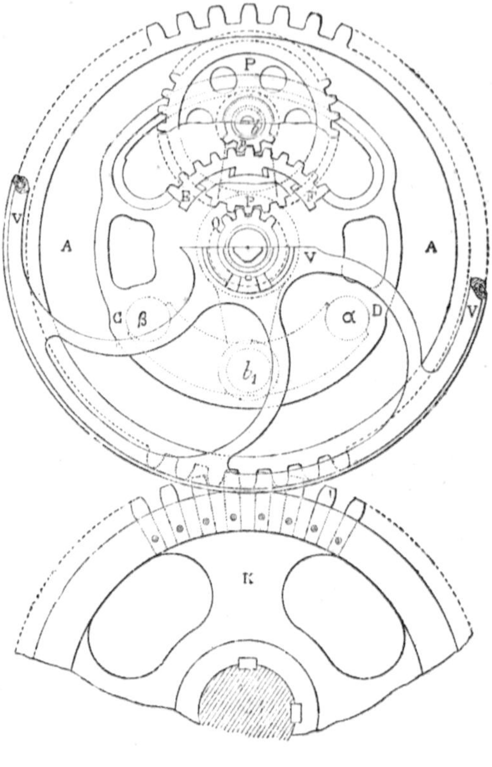

supposés immobiles pendant ce temps. En raison de la différence de diamètre des engrenages, la jante du volant parcourt un chemin très grand par rapport à celui que décrit le toc, de sorte qu'avec un effort relativement faible on peut déplacer à la fois les divers tiroirs et renverser rapidement la marche. En principe cette opération pourrait s'accomplir quand la machine est en mouvement ; mais, comme cela est difficile et dangereux, on prend toujours le parti de la stopper préalablement.

La mise en train Joêssel diffère de la précédente par la substitution aux roues dentées *p* et EF d'un mécanisme non réversible constitué par une roue striée et une vis tangente ; de cette façon on n'a pas à craindre que dans les variations brusques d'allure (dues par exemple à l'émersion de l'hélice ou à une manoeuvre mal opérée), le bouton b_1 ne vienne frapper avec force contre le fond de sa rainure ; néanmoins, pour s'opposer aux vibrations qui peuvent être causées par le jeu des engrenages, on fait usage, pour plus de sûreté, d'un petit volant supplémentaire V' qui actionne soit un frein, soit une griffe ayant pour effet de rendre le volant de manoeuvre V momentanément solidaire de l'arbre des tiroirs ; toute manoeuvre de changement de marche doit alors, naturellement, être précédée du desserrage du frein.

Il est facile de calculer le nombre *n* de degrés dont il faut faire tourner le volant V pour que le bras bb_1, se déplace de $\alpha°$; pour cela supposons d'abord que bb_1, soit immobile et par suite que la roue A dont fait partie le secteur EF soit libre de tourner autour de son centre comme les autres. Puisque EF

Fig. 45

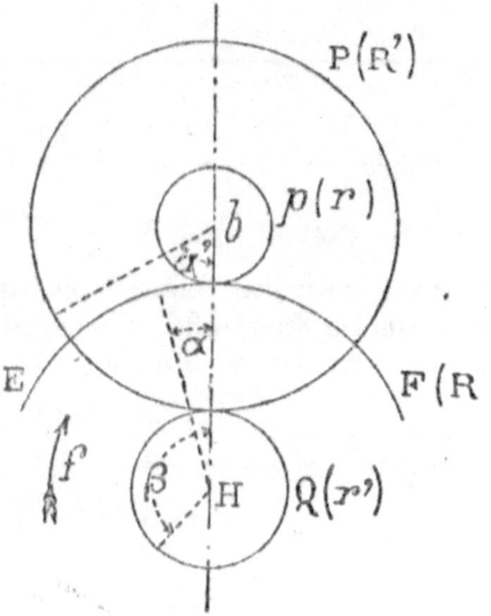

tourne de α° autour de H (fig. 45) la roue *p* de rayon *r* tourne d'un angle α' tel que :

$\alpha'.r = \alpha.R \qquad \alpha' = (R/r)\ \alpha$

P tournant de α', Q et, par suite, le volant de manoeuvre V se déplacent de β°, β étant tel que

$\alpha'.R' = \beta.r' \qquad \beta = \frac{R.R'}{r.r'}.\alpha$

Amenons maintenant le bras bb_1 à la position réelle qu'il doit avoir, c'est-à-dire faisons tourner tout le système de α° autour de H dans le sens *f* ; le volant V va ainsi tourner de α° en sens contraire de β, de sorte que l'angle qui donne le changement définitif d'orientation de V par rapport à une droite fixe dans l'espace (la verticale par exemple) est :

$$n = \beta - \alpha = \alpha\left(\frac{R.R'}{r.r'} - 1\right)$$ [19]

En donnant dans cette formule à *a* la valeur de l'angle de décalage, on obtient immédiatement la quantité cherchée *n*, et il est facile ensuite d'en déduire le temps nécessaire pour opérer le renversement de marche, une fois qu'on se sera donné la vitesse circonférentielle avec laquelle se manoeuvre le volant (0^m,25 à 0^m,30 environ par seconde quand celui-ci est simplement actionné à bras[20].

On peut également se proposer de calculer la valeur que doit avoir le rapport (R.R' / *r.r'*) pour qu'un nombre déterminé *AV* d'hommes agissant sur le volant puissent déplacer un tiroir. Appelons Q l'effort à exercer sur

19 Cette relation se déduit immédiatement de la formule générale des trains épicycloïdaux donnée par Willis, à condition de faire attention aux signes des différentes quantités qui y figurent.

20 Si l'effort à vaincre était très faible, on pourrait dépasser sensiblement ce chiffre et aller accidentellement jusqu'à 0^m,40 ou 0^m,50

celui-ci suivant sa tige ; si l'on suppose que la bielle a une longueur infinie par rapport au rayon ρ de la manivelle, le travail correspondant à un déplacement *dx* de l'arbre des tiroirs est (fig. 46).

$$Q.\rho.\sin\varphi \times dx$$

Fig. 46

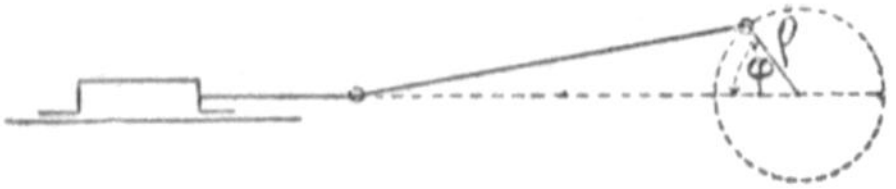

tandis que le travail développé par les hommes produisant chacun un effort tangentiel de F^{kg} sur le volant de rayon R" est :

$$F.AV.R'' \times dn$$

dn étant l'angle dont tourne V pour que le bras bb_1, soit décalé de $d\alpha$. En désignant par K un coefficient plus petit que 1, et dépendant des frottements qui s'exercent dans le mécanisme, on a donc :

$$K \times F.AV.R''. dn = Q.\rho.\sin\varphi \times dx$$

et, comme

$$n = \alpha \left(\frac{R.R'}{r.r'} - 1\right)$$

$$K \times F.AV.R'' \left(\frac{R.R'}{r.r'} - 1\right) = Q.\rho.\sin\varphi$$

relation dans laquelle on peut prendre, comme résultat d'expérience, F = 20 à 25^{kg} pour une vitesse circonférentielle de $0^{m},30$ par seconde[21].

On pourrait, en partant de cette formule, essayer de calculer les valeurs respectives qu'il convient de donner à *r, r'*, R, R', R", pour que F ne dépasse pas 25^{kg} avec un nombre donné d'hommes *AV* ; on aurait soin d'ailleurs de se placer dans le cas où φ = 90° ; mais il convient de remarquer que, dans la pratique, l'effort Q est difficile, sinon impossible à évaluer exactement ; il en est à peu près de même pour le coefficient K, aussi le meilleur parti à prendre est-il de se borner à des comparaisons en s'appuyant sur ce fait que, d'une machine à l'autre, le produit F x *AV* est, toutes choses égales d'ailleurs et pour un seul tiroir, proportionnel à l'expression,

$$\frac{\rho}{R\left(\frac{R.R'}{r.r'} - 1\right)}$$

ce qui est d'ailleurs évident a priori.

21 Momentanément il est possible de dépasser notablement le chiffre de 25^{kg}.

Si au lieu d'un seul tiroir, il en existe plusieurs, on calculera le maximum de la résistance à laquelle ils donnent lieu ; c'est là un point sur lequel nous aurons l'occasion de revenir plus tard à propos des mises en train à vapeur (§ 39).

Changement de marche avec les distributeurs actionnés par des cames

Si le distributeur est conduit par une came, il suffit évidemment d'avoir sur le même manchon et à la suite l'une de l'autre deux séries de cames disposées l'une pour la marche *AV*, l'autre pour la marche *AR* ; on n'a plus alors qu'à le déplacer longitudinalement, par exemple au moyen de bras munis de fourches, pour opérer le renversement du sens de rotation. Il convient de faire remarquer que sur le manchon se trouve généralement pratiquée une bosse ou came spéciale qui donne une très longue introduction avec une petite ouverture d'orifice et qui, lors de la mise en marche, assure le départ du moteur dans toutes les positions.

Changement de marche avec un seul excentrique, sans changement de calage

Une machine étant en mouvement, imaginons que, par un jeu de robinets convenablement disposés, on intervertisse le rôle des conduits d'arrivée et d'échappement de vapeur ; il est bien clair que le distributeur, s'il fonctionnait comme tiroir à coquille, va se trouver transformé en tiroir en D et inversement, et par suite on comprend que le moteur puisse ainsi être mis en état de tourner à volonté dans un sens ou dans l'autre ; on aura soin seulement non pas de prendre un calage d'environ +125° (parce que dans l'autre cas on aurait - 125° ce qui serait inadmissible), mais d'adopter + 90 ce qui donnera - 90° pour l'autre marche. Comme nous l'avons vu (§ 4), une pareille distribution laisse beaucoup à désirer puisqu'on n'a ni avance à l'admission et à l'évacuation, ni détente, ni refoulement ; on peut cependant, en raison de la simplicité de ce dispositif, s'en contenter pour de petits moteurs principalement s'ils sont appelés à ne fonctionner qu'accidentellement, par exemple pour des treuils, des mises en train à vapeur, des appareils à gouverner, etc.

Pratiquement le renversement du rôle des tuyaux d'arrivée et de vapeur peut s'obtenir avec un dispositif plus simple que celui des robinets dont nous avons parlé, par exemple avec un petit tiroir T (fig. 47) qui, étant convenablement déplacé à la main puis maintenu immobile permet évidemment soit d'intercepter toute arrivée de vapeur, soit de transformer A en conduit d'arrivée de vapeur et B en tuyau d'évacuation, soit enfin d'effectuer la combinaison inverse. L'agencement de la fig. 47 se rapporte à une petite machine oscillante. Dans le cas d'un distributeur à coquille, il faut prendre des dispositions spéciales pour que celui-ci ne soit pas constamment décollé de sa glace quand l'afflux de la vapeur se fait dans son intérieur. Diverses solutions ont été imaginées pour atteindre ce but ; telle est celle de la fig. 48 dans laquelle A est le tiroir de changement de marche et B celui de distribution qui, étant toujours pressé sur son dos par la vapeur des chaudières, n'a par conséquent jamais de tendance à être décollé. On a eu également l'idée de tailler dans un même

Fig. 47

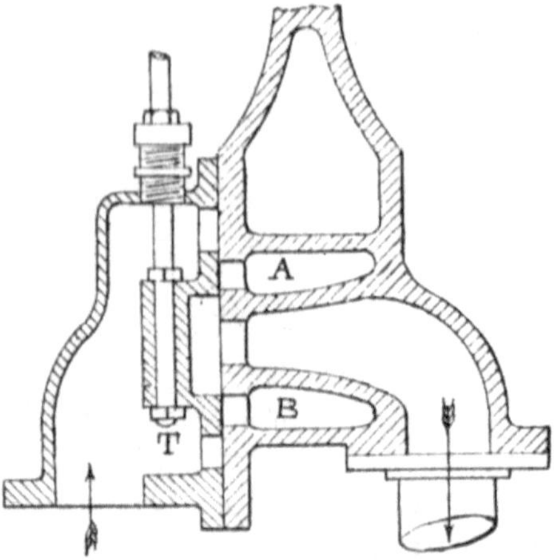

Fig. 48

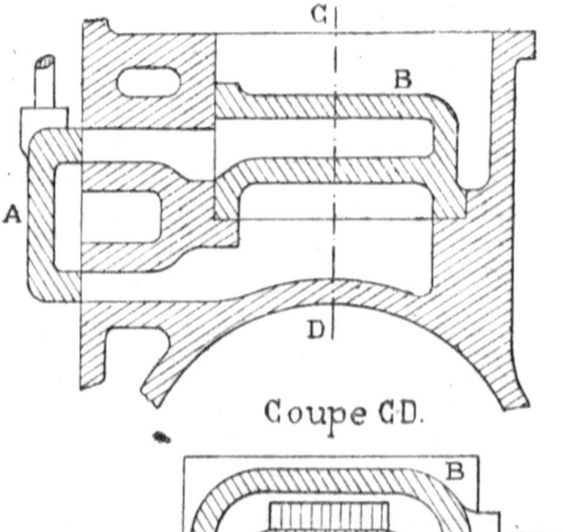

Fig. 49

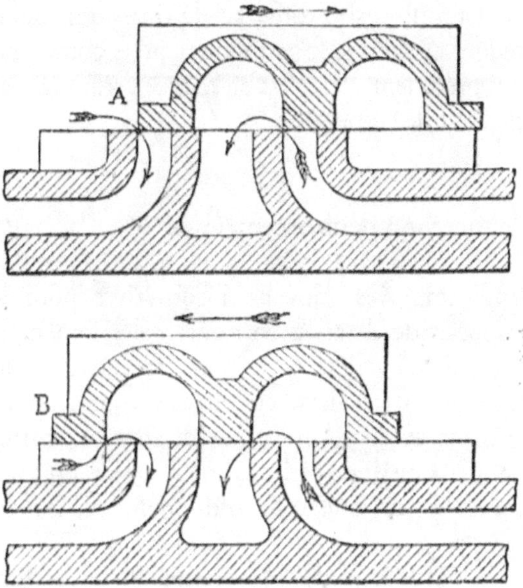

bloc de distribution deux tiroirs admettant l'un par les arêtes extérieures, l'autre par les arêtes intérieures ; ce bloc est cylindrique et se meut sur une glace de même forme ; en la faisant tourner d'environ 90°, on met en action l'un ou l'autre des distributeurs et par suite on renverse la marche. Une solution préférable aux précédentes consiste à faire usage de distributeurs cylindriques qui, étant par eux-mêmes constamment équilibrés, ne sont pas exposés à être décollés.

Divers autres agencements ont été imaginés pour résoudre le problème qui nous occupe ; tel est par exemple celui de la fig. 49 et 50 dans lequel un tiroir, dit en E, opère le renversement de marche par un simple allongement ou raccourcissement de sa tige ou une disposition équivalente ; suivant le sens de rotation qu'on veut obtenir, la mi-course doit être en A ou en B, le piston étant alors à l'un de ses points morts. Quant au changement de suspension du tiroir (c'est-à-dire à l'allongement ou au raccourcissement de sa tige) il peut être effectué d'une manière facile et rapide au

Fig. 50

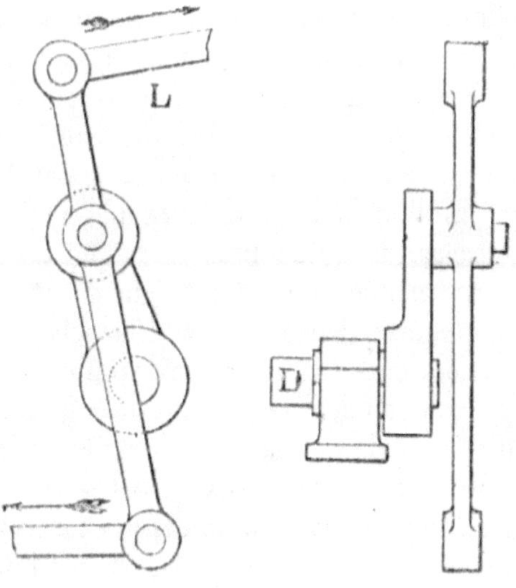

moyen d'un mécanisme tel que celui de la fig. 50, grâce auquel un déplcement angulaire imprimé à l'axe D suffit pour changer la position du distributeur. Les fig. 51, 52 et 53 représentent un dispositif différent de tiroir qui résout le même problème que le précédent et dont le fonctionnement se comprend de suite après les explications qui précédent ; ici, c'est en manoeuvrant la manivelle M qu'on opère le changement de suspension.

Changement de marche à deux excentriques

L'un des premiers dispositifs employés dans les locomotives pour le changement de marche se composait de deux excentriques calés l'un pour la marche en avant, l'autre pour celle en arrière et pouvant, au moyen d'un mécanisme plus ou moins ingénieux de leviers, être mis à volonté mais séparément en relation avec le tiroir de distribution ; à cet effet, les barres d'excentriques se terminaient par deux pieds de biche tournés en sens opposés et susceptibles d'être enclenchés avec un balancier actionnant la tige du distributeur.

Ce dispositif, qui est capable de donner de bons résultats, ne permet évidemment que les deux marches extrêmes, en *AV*, ou en *AR*, à toute vapeur, et l'invention de la coulisse de Stephenson, qui résout non seulement le problème précédent, mais donne en outre le moyen de fonctionner à introduction réduite, a constitué un perfectionnement sérieux. Un mécanisme du genre de celui que nous venons de décrire, a été cependant, pendant longtemps et assez récemment encore, employé par l'Établissement du Creusot pour les machines marines : les bielles des deux excentriques calés à demeure sur l'arbre moteur se terminent alors chacune par une encoche pouvant s'engager dans un tourillon faisant corps avec une traverse dont le mouvement rectiligne est assuré par des guides fixes.

En manoeuvrant des poignées convenablement disposées on peut soit maintenir les deux encoches déclenchées, soit mettre l'une ou l'autre en prise avec leur tourillon, mais jamais toutes les deux à la fois.

Quant au déplacement du tiroir qu'il est nécessaire d'opérer, il est produit au moyen d'un volant et d'un pignon engrenant avec une crémaillère et, au moment où l'une des encoches vient se présenter au-dessus du bouton correspondant, la réunion des deux pièces est effectuée par la manoeuvre des poignées dont nous venons de parler à l'instant.

Fig. 51, 52, 53

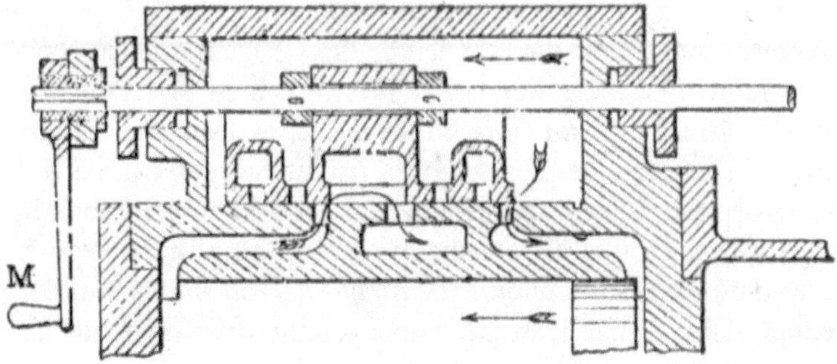

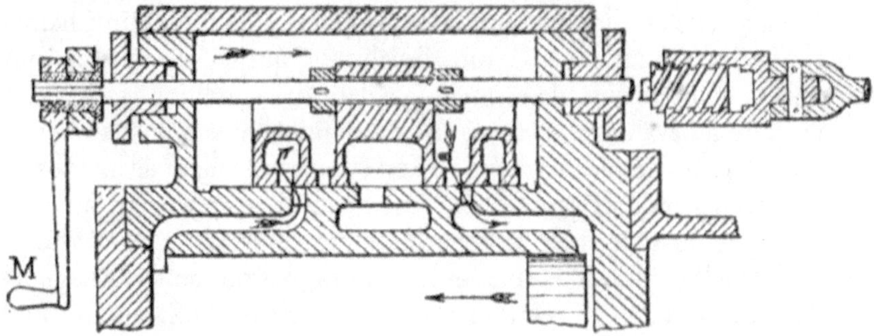

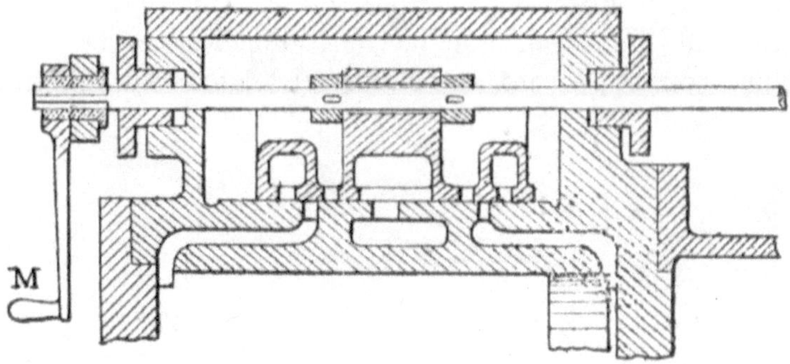

Albert Madamet

Coulisse de Stephenson et autres mécanismes servant à la fois à faire varier l'introduction et à produire le changement de marche

Comme nous venons de le dire, au lieu de deux excentriques susceptibles d'être mis séparément en prise avec la tige du tiroir, il est préférable d'avoir recours au mécanisme dit *coulisse de Stephenson* dans lequel les extrémités des deux barres d'excentriques sont réunies par un secteur courbe le long duquel peut se déplacer à volonté, suivant la marche qu'on veut obtenir, un coulisseau fixé à la tige du tiroir. La théorie de ce dispositif est exposée en détail dans le volume de l'*Encyclopédie scientifique des Aide-mémoire* qui traite de la « détente variable », mais il est facile de se rendre sommairement compte qu'en faisant conduire le distributeur par l'un ou l'autre des points extrêmes du secteur on doive se trouver à peu près dans les mêmes conditions que si la commande était effectuée par l'excentrique de marche en avant ou celui de marche en arrière ; on montre en outre que, pour un point intermédiaire, on a une introduction réduite avec une distribution qui ne cesse pas, au moins dans une certaine région, de se présenter dans des conditions satisfaisantes. En raison de ces avantages, la coulisse est devenue d'un emploi extrêmement fréquent ; dans ces dernières années on s'est efforcé cependant de lui substituer des mécanismes qui, au lieu de deux excentriques, n'en exigent qu'un seul ou même pas du tout ; tels sont par exemple les systèmes de distribution Marshall, Hackworth, Joy et une foule d'autres plus ou moins analogues sur lesquels s'est exercé l'esprit inventif des constructeurs ; un certain nombre d'entre eux sont susceptibles de donner de bons résultats et jouissent d'une certaine faveur bien qu'ils conduisent parfois à faire usage d'un nombre assez considérable de leviers articulés. Leur étude, qui sera faite en même temps que celle de la coulisse de Stephenson, ne saurait trouver place ici et, dans le présent volume, nous ne pouvons que nous borner à signaler leur existence.

– CHAPITRE V –

RÉSISTANCE OPPOSÉE PAR LES TIROIRS À LEUR MOUVEMENT. MISES EN TRAIN.

Frottement des tiroirs

La valeur du frottement qui s'exerce entre les tiroirs et la table des cylindres est mal connue ; elle dépend d'ailleurs de la nature, de l'étendue et du plus ou moins bon état des parties en contact, du serrage et de la disposition des presse-étoupes des tiges, ainsi que d'un certain nombre de circonstances dont quelques-unes peuvent varier d'un moment à l'autre, par exemple l'abondance plus ou moins grande du graissage[22]. Quelques expériences ont été entreprises à ce sujet, en particulier par M. Aspinall qui a fait usage, pour mesurer l'effort exercé, du dispositif suivant : la tige du distributeur, dans la partie extérieure à la boîte à tiroir, est coupée en deux parties dont l'une fait corps avec un petit cylindre à huile mobile avec elle, tandis que l'autre porte un piston qui est garni de cuirs emboutis et qui, en raison de sa mobilité dans l'intérieur du cylindre ci-dessus, comprime plus ou moins le liquide ; au moyen d'un indicateur de Watt, il suffit évidemment de mesurer la valeur de la pression exercée sur l'huile pour qu'il soit possible d'en déduire immédiatement, grâce à la connaissance de la surface du petit piston, la valeur de l'effort qui, à un moment donné, sollicite

22 Dans des essais assez récents faits sur des locomotives, on a trouvé que, suivant que le graissage est très abondant ou, au contraire, extrêmement réduit, la résistance opposée par le tiroir varie dans des proportions considérables, de 1 à 1,35 environ, par exemple.

le tiroir. Les essais de ce genre ne laissent pas que d'être assez délicats, ne fut-ce que pour déterminer d'une façon précise la part qui revient au frottement du piston à huile dans son cylindre ; le serrage plus ou moins fort des presse-étoupes des tiges de tiroir a également une importance assez grande ; il ne faut pas en outre perdre de vue que la différence des pressions qui tend à appliquer le distributeur sur sa glace varie d'un point à l'autre de la course suivant la position qu'il occupe par rapport aux lumières, la pression qui règne dans le cylindre et même celle qui existe dans la boîte à tiroir et qui, au moins dans les machines à allure rapide, n'est pas rigoureusement constante. On ne devra pas surtout perdre de vue que les efforts mesurés avec l'instrument dont nous venons de parler comprennent non-seulement ceux qui sont dus au frottement du tiroir et de sa tige, mais encore les forces d'inertie de toutes les pièces mobiles qui ont souvent une valeur considérable dans le voisinage des bouts de course et qu'il n'est guère permis de négliger que dans la région où la vitesse des parties en question est voisine de son maximum. Pour ces diverses raisons, il est facile de comprendre qu'une détermination un peu exacte du frottement produit entre les tiroirs et leurs glaces est fort délicate et il n'y a pas lieu de s'étonner que les résultats obtenus manquent de concordance. Comme résultat général, il s'en dégage cependant ce fait bien net que le frottement en question est notablement inférieur à celui qu'on calculerait de la façon habituelle en multipliant la pression normale par le coefficient de frottement des aide-mémoire (soit 0,09 à 0,1) ; il semble que, au moins pour des moteurs de petites et de moyennes dimensions bien installés, celui-ci doive être pris égal environ à 0,055 et au plus à 0,07. Ce fait paraît tenir à ce que, surtout avec un graissage un peu abondant, la pression de la vapeur contenue dans la boîte à tiroir s'exerce dans une petite mesure par dessous les plaques frottantes en diminuant ainsi la valeur de l'effort normal qui tend à appliquer le distributeur sur sa table ; il n'y a pas lieu d'ailleurs de s'étonner de cette circonstance, car il est facile de comprendre que la pression en question se transmette, au moins en partie, dans la mince couche d'huile interposée entre les surfaces frottantes. Cet effet doit, du reste, évidemment varier dans des proportions notables suivant les dispositions locales, la nature et l'étendue des parties en contact, le développement plus ou moins grand des *pattes d'araignée* établies pour le graissage, etc. ; il doit être, à coup sûr, assez prononcé avec certains dispositifs spéciaux tels que celui des désantifrictionnés[23] qui, en se gonflant

23 Ces dés sont constitués par du métal « antifriction coulé dans de nombreuses petites cavités tronconiques creusées dans les plaques frottantes, puis martelées après coup ; pendant

sous l'influence de la chaleur, augmentent très légèrement l'épaisseur de la couche d'huile interposée entre les parties en contact. Les chiffres ci-dessus de 0,055 et 0,07 sont d'ailleurs uniquement relatifs à la résistance opposée par le tiroir et ses tiges et ne comprennent pas le frottement relatif aux organes de conduite de cet organe ; malgré la valeur relativement faible de ces coefficients et l'adjonction de compensateurs, la résistance au frottement opposée par les distributeurs dans les machines de grande puissance, a une valeur considérable et des mécanismes spéciaux dont nous allons nous occuper sont nécessaires pour opérer sûrement et rapidement les diverses manoeuvres de renversement de marche.

Déplacement simultané de tous les tiroirs d'une machine à vapeur

Quand le moteur comprend plusieurs cylindres, comme cela a lieu pour les appareils marins, on pourrait alors faire usage, pour chacun d'eux, d'un mécanisme spécial qu'on manoeuvrerait indépendamment des autres ; mais il est évidemment préférable d'avoir recours à une commande unique, ce qui d'ailleurs ne présente pas de difficultés. Dans la coulisse de Stephenson et les dispositifs analogues par exemple, les divers bras de relevage seront tous clavetés sur un arbre unique dit de *relevage* ; avec la mise en marche Mazeline ainsi qu'avec celles où tous les distributeurs sont commandés par un seul arbre, ce sera ce dernier qu'on décalera de l'angle voulu.

Le travail résistant produit par l'ensemble des divers tiroirs d'une machine est facile à évaluer, au moins approximativement, d'après ce qui précède. On sait en effet quel est pour chacun d'eux l'effort à vaincre Q (§ 39), et la connaissance du mécanisme qui les conduit permet de déterminer à chaque instant le chemin qu'ils parcourent ; le calcul du travail résistant correspondant à une période infiniment petite ou du moins assez petite du mouvement s'effectuera donc de suite[24] et il ne restera plus qu'à faire en sorte que ce travail soit constamment inférieur au travail moteur dont on dispose, et cela d'une façon très notable afin de tenir compte des frottements qui se développent dans l'ensemble de tout le mécanisme de conduite et de mise en train.

---

le fonctionnement ils se gonflent en faisant une très légère saillie sur la plaque frottante du tiroir.

24 Cette période correspondra par exemple à une rotation de 10° ou 20° du volant de manoeuvre.

Dans le cas particulier où les divers tiroirs sont actionnés par des bielles ou des excentriques fixés sur un arbre unique, le trayait résistant à un moment quelconque est M.dφ, M étant le moment résistant total appliqué à l'arbre des tiroirs et dφ l'angle dont celui-ci tourne dans le temps considéré. Il est d'ailleurs facile de voir que, en supposant la bielle infinie, on a (fig. 54) : pour un seul cylindre :

Fig. 54

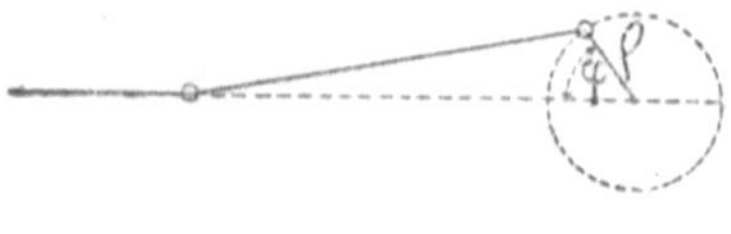

$$M = Q.\rho.\sin\varphi$$

pour deux cylindres dont les manivelles sont calées à angle droit,

$$M = Q.\rho\,(\sin\varphi + \cos\varphi)\ ;$$

pour trois cylindres calés à 120°

$$M = Q\,.\,\rho\,[(\sin\varphi + \cos(\varphi + 30°) + \cos(\varphi - 30°)]$$

enfin pour trois cylindres calés à 90°, 135°, et 135° comme cela se rencontre dans quelques machines marines compound

$$M = Q\,.\,\rho\,[\sin\varphi + \cos\varphi + \cos(\varphi - 45°)]$$

Les maximum M1 de ces diverses expressions sont respectivement égaux à :

$$Q.\rho\ ;\ 1{,}41.Q.\rho : 2\,Q\,\rho\ ;\ 2{,}41.Q.\rho\ ;$$

ce sont ces valeurs sur lesquelles il convient de compter et, en appelant M_2 le moment moteur développé par les hommes ou par la vapeur sur une roue ou un volant tournant d'un angle *dn* pendant la rotation *d*φ de l'arbre des tiroirs, il ne restera plus qu'à écrire l'équation

$$K \times M_2\,.\,dn = M_1.\,d\varphi$$

K étant le coefficient de réduction dont nous avons parlé.

Au lieu de déterminer M, de cette façon, on préfère généralement dans la pratique opérer par comparaison avec des machines existantes, en tenant compte, d'une manière plus ou moins heureuse, des différences qu'elles présentent entre elles au point de vue de la résistance du distributeur.

Dispositifs des mises en train à vapeur

Avec les machines de grande puissance, le renversement de marche opéré à bras est forcément un peu long et pénible ; aussi, tout en se réservant le moyen d'y avoir toujours recours, a-t-on soin maintenant, dans les machines marines de quelque importance, d'adjoindre à la mise en train à bras une mise en train à vapeur, ou plutôt on dispose généralement le mécanisme en question de façon qu'il puisse se manoeuvrer de l'une et de l'autre façon ; nous allons en donner quelques exemples.

Dans les appareils munis de mises en train Mazeline, on fait usage d'une très petite machine à vapeur qui, au moyen de deux cônes de friction qu'on peut ou non mettre en prise avec le volant de manoeuvre, permet de faire mouvoir à volonté ce dernier dans un sens ou dans l'autre ; le dispositif du moteur en question est d'ailleurs susceptible de diverses variantes, il peut par exemple être oscillant. Au lieu de cônes de friction, on est également servi d'une chaîne de Galle pour entraîner le volant de manoeuvre.

Avec une coulisse de Stephenson et en général avec les mécanismes qui sont commandés par un *arbre de relevage*, on a souvent employé un cylindre muni d'un piston qui peut recevoir de la vapeur d'un côté ou de l'autre et qui, à l'aide d'une bielle, actionne le *bras de relevage*. Pour empêcher un déplacement trop rapide qui pourrait être dangereux, un petit cylindre à huile avec piston sert de frein au système. Dans d'autres circonstances, pour se dispenser de ce dernier organe, on munit le piston à vapeur d'une tige creuse dans laquelle pénètre une vis maintenue par des collets dans le sens de sa longueur et ne pouvant prendre par suite qu'un mouvement de rotation ; si le pas de la vis n'est pas réciproque, on a beau introduire de la vapeur d'un côté ou de l'autre du piston, aucun déplacement n'est évidemment possible et, pour en produire un, il faut faire tourner à la main et dans le sens convenable le volant de manoeuvre claveté sur l'arbre de la vis. Cet agencement donne évidemment toute sécurité, mais on préfère maintenant faire usage de vis à pas plus allongé en munissant les systèmes d'un petit mécanisme de servomoteur qui a pour résultat de produire un arrêt immédiat dès qu'on cesse de faire tourner la roue de manoeuvre.

Une autre solution qui est plus commode encore que les précédentes consiste à employer une petite machine à vapeur complète marchant d'un mouvement continu et actionnant, à l'aide d'une vis sans fin et d'une roue striée, l'arbre de relevage ; ce dernier, qui tourne lui aussi sans arrêt, porte une manivelle qui imprime à la bielle de relevage un mouvement oscillatoire dont l'amplitude doit être précisément égale à celle qui est nécessaire pour passer d'une marche extrême à l'autre. Avec ce dispositif, on met la petite machine en marche dès qu'on a reçu l'ordre d'être prêt à manoeuvrer et il n'y a plus ensuite qu'à la stopper quand on se trouve dans la position qui correspond à la marche demandée.

Un seul cylindre est parfaitement suffisant pour le moteur en question ; il est utile seulement que ce dernier soit susceptible de tourner à volonté dans un sens ou dans l'autre afin de rendre les manoeuvres plus rapides et d'éviter par exemple qu'on ait à faire faire à l'arbre de relevage un tour entier s'il vient précisément de dépasser la position voulue.

Forces d'inertie des tiroirs. Amortisseurs des forces d'inertie

Dans les machines puissantes et à allure rapide, les forces d'inertie acquises par les tiroirs acquièrent des valeurs considérables et souvent gênantes ; on les diminue notablement en faisant usage de distributeurs cylindriques qui sont sensiblement plus légers que les autres ; l'adoption d'orifices doubles est également avantageuse à ce point de vue puisqu'elle réduit la course de moitié. Malgré cela, la solidité et la rigidité des mécanismes de conduite se sont parfois trouvées en défaut et il a été jugé quelquefois utile d'adopter aux tiroirs un organe spécial donnant lieu à des efforts s'exerçant en sens inverse des forces d'inertie et égaux, autant que possible, à ces dernières ou préférablement à la somme algébrique de celles-ci et de la résistance due au frottement. Voyons d'abord comment on peut calculer la valeur de ces forces. Il suffit évidemment pour cela de tracer la courbe $e = f(t)$ qui représente le chemin parcouru par le tiroir en fonction du temps, ce qui ne présente pas de difficulté en admettant, ce qui est conforme à la réalité, qu'à partir d'une certaine allure, qui n'est pas d'ailleurs très rapide, le mouvement de rotation de l'arbre de couche puisse être considéré comme uniforme.

Les tangentes à la courbe ci-dessus donnent évidemment, par leur coefficient angulaire, les vitesses υ, de sorte qu'en traçant la courbe $\upsilon = \varphi\ (t)$ et en opérant sur elle comme sur la précédente, on en déduira immédiatement la valeur de l'accélération w à un moment quelconque et par suite celle de la force d'inertie $m.w$. Sans aucun doute le tracé de ces tangentes n'est pas susceptible d'une précision très grande et de légères erreurs commises dans la courbe $\upsilon = \varphi$ (t) sont susceptibles d'en donner de beaucoup plus importantes dans les valeurs de l'accélération *w*.

En opérant avec soin et à une échelle qui ne soit pas trop faible, on a cependant une exactitude suffisante ; pour les besoins du cas actuel il faut seulement avoir bien soin de remarquer que, à moins de leur donner un développement inadmissible, les courbes $e = f$ (t) et $\upsilon =$ (t) seront généralement tracées à des échelles réduites qui ne seront pas les mêmes pour les abscisses et les ordonnées, de sorte que l'évaluation numérique de *y* et de *w* réclame quelques précautions spéciales qui sont d'ailleurs bien connues.

Fig. 55

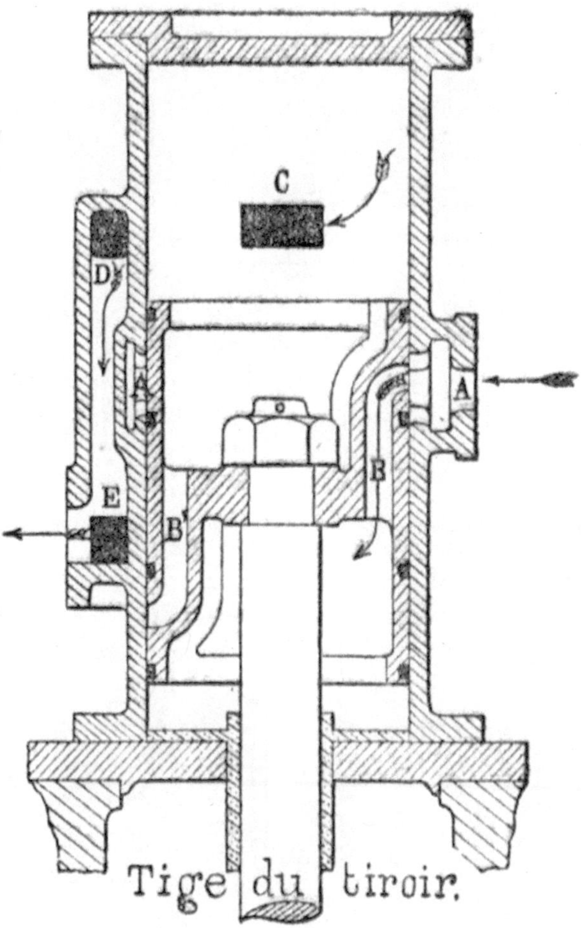

L'un des moyens pratiques employés pour contrebalancer les forces d'inertie consiste à faire usage d'un petit cylindre à vapeur dans lequel se meut un piston monté sur la même tige que le tiroir ; il est bien clair que, en introduisant d'un côté ou de l'autre du piston de la vapeur à une pression plus ou moins forte, on tire ou on retient le distributeur et par suite on a le moyen d'agir en sens contraire des forces d'inertie qui se développent d'abord pendant la première partie de la course, puis pendant la seconde. Pour obtenir ce résultat, il suffit évidemment de faire usage d'un robinet ou d'un petit organe distributeur qui sera manoeuvré automatiquement aux moments voulus ; cela ne présente pas de difficulté réelle, mais il est préférable d'avoir recours à un dispositif tel que celui qui a été imaginé en dernier lieu par Joy et qui est représenté par les fig. 55, 56 et 57. Comme on le voit, la distribution de la vapeur dessus et dessous le piston s'opère, aux moments voulus, par le seul déplacement de ce dernier exactement comme dans certaines petites machines à vapeur sans tiroirs dont nous avons dit un mot au § 29.

Fig. 56.

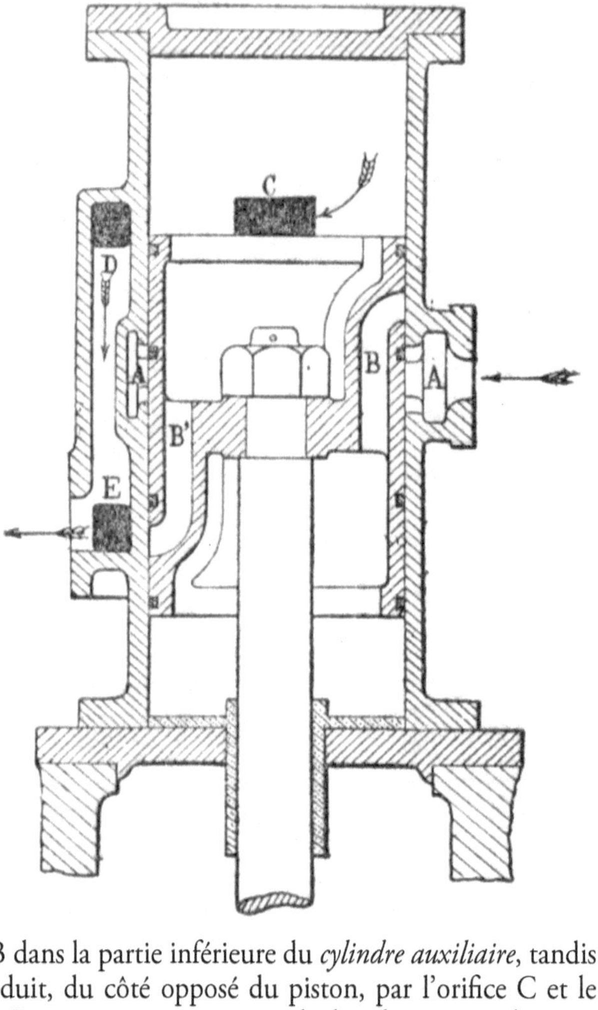

Dans la position qui correspond à la fig. 55, la vapeur, prise sur le tuyau général d'arrivée, pénètre par le conduit B dans la partie inférieure du *cylindre auxiliaire*, tandis que l'évacuation se produit, du côté opposé du piston, par l'orifice C et le conduit DE avec lequel C est en communication ; le distributeur est alors tiré dans le sens de son mouvement et c'est bien effectivement ce qui est nécessaire pour contrebalancer la force d'inertie qui s'oppose au mouvement de départ.

Fig. 57.

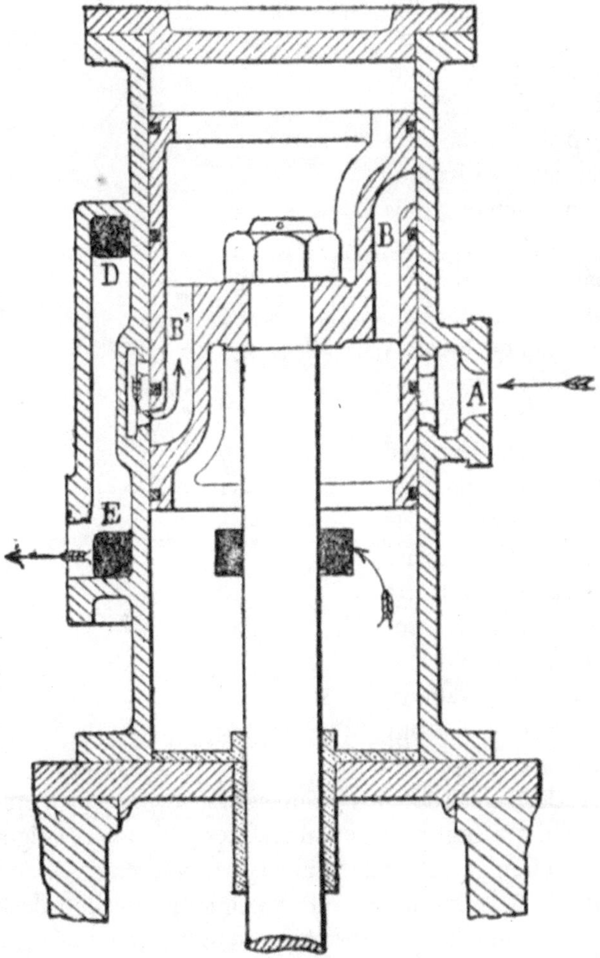

Au bout d'un certain temps, par suite même du déplacement du piston, le conduit B cesse d'être en communication avec A (fig. 56), puis l'orifice C se ferme à son tour en donnant lieu à une période de compression assez prolongée ; enfin, vers l'extrémité de course (fig.57), le second conduit B' vient se présenter en face de l'arrivée annulaire de vapeur AA dont il a été question plus haut et les choses recommencent à se produire de la même façon que tout à l'heure.

En relevant, avec un indicateur de Watt, des courbes sur le cylindre auxiliaire dont nous nous occupons, on obtient des diagrammes analogues à ceux de la fig. 58, dont l'étude permet de se rendre compte de toutes les particularités du phénomène.

Fig. 58

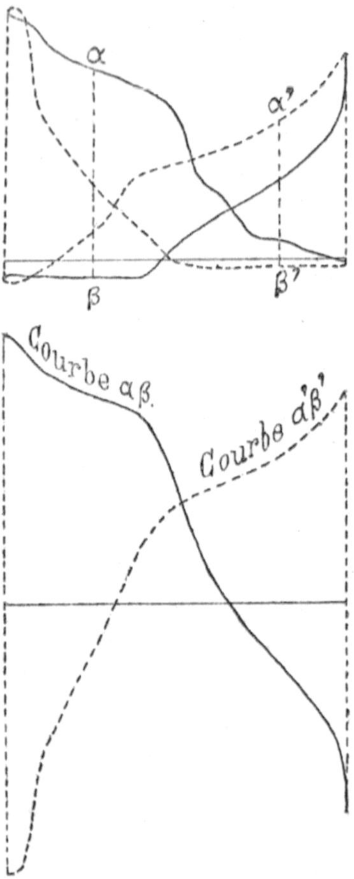

Comme on le sait, il faut, pour avoir l'effort exercé à un instant quelconque sur le piston, associer la partie supérieure de l'un des diagrammes avec la partie inférieure de l'autre et les ordonnées ainsi mesurées αβ donnent la pression cherchée ; un tracé de ce genre a été effectué sur la fig. 58 ; il montre de suite que, dans la course d'aller aussi bien que dans celle de retour, le petit piston à vapeur a pour effet d'abord de solliciter le distributeur dans le sens de son mouvement, puis de tendre ensuite à l'arrêter et c'est bien ainsi effectivement que les choses doivent être disposées.

Au lieu de vapeur, on a fait quelquefois usage, pour l'amortissement des forces d'inertie, d'air comprimé fourni à une pression plus ou moins forte par une petite pompe spéciale installée ou non sur la machine motrice elle-même ; le fluide alternativement comprimé et dilaté par le piston du cylindre auxiliaire, est évidemment susceptible de produire des effets de même genre que les précédents. Ces divers agencements, dont l'avantage théorique est incontestable, ont l'inconvénient d'être un peu délicats et parfois assez difficile à régler ; s'ils sont mal manoeuvrés, ils peuvent même agir en sens inverse de celui qui était prévu et augmenter par suite la fatigue des pièces au lieu de la réduire ; on ne devra d'ailleurs pas perdre de vue que, pour obtenir des résultats aussi satisfaisants que possible, la pression de la vapeur ou celle de l'air comprimé doivent théoriquement varier avec l'allure de la machine, puisque les forces d'inertie à neutraliser varient notablement avec cette dernière.

On a fait également usage de ressorts qui alternativement comprimés et tirés peuvent donner une neutralisation approximative des forces d'inertie au moins pour une vitesse déterminée ; mais, dans la pratique, il est préférable de se dispenser de ces complications nouvelles et de faire usage d'un mécanisme de distribution robuste et établi dans un système ne donnant pas lieu, par suite d'arc-boutements ou de tout autre motif, à des efforts dangereux et anormaux.

BIBLIOGRAPHIE

ARMENGAUD. — *Traité théorique et pratique des machines à vapeur* (A. Morel, Paris, 1861).

DE FRÉMINVILLE. — *Cours pratique de machines à vapeur* (Arthus Bertrand, Paris, 1861).

LEDIEU. — *Traité élémentaire des appareils à vapeur de navigation* (Dunod, Paris, 1862-1866).

BIENAYMÉ. — *Cours de machines à vapeur* (Bernard, Paris, 1887).

BUCHETTI. — *Les machines à vapeur actuelles* (chez l'auteur, Paris, 1888).

DEMOULIN. — *Nouvelles machines marines des bâtiments à grande vitesse, des torpilleurs et des embarcations à vapeur* (Bernard, Paris, 1888).

J. REY — *Le turbo-moteur et la dynamo Parsons* (Gauthier-Villars, Paris, 1889).

BUCHETTI. — *Les machines à vapeur à l'Exposition de 1889* (chez l'auteur, Paris, 1890).

DEMOULIN. — *Les machines à vapeur à triple et à quadruple expansion* (Baudry, Paris, 1890).

A. WITZ. — *La machine à vapeur* (Baillière, Paris, 1891).

J. BOURNE. — *A treatise on the steam engine* (Long-man. Green, Londres, 1861).

BURGH. — *Link motion and expansion gear practically considered* (Spon and Co, Londres, 1870).

R. SENNETT. — *The marine steam engine* (Longman, Londres, 1885).

R. MURRAY. — *A treatise on marine engine and steam vessels* (Crosby Lockwood and C., Londres, 1886).

SEATON. — *A Manual of marine engineering* (Griffith, Londres, 1890).

UHLAND, traduit de l'allemand par JARRY. — *Les nouvelles machines à vapeur notamment celles qui ont figuré à l'Exposition de 1878* (Bernard et C'*, Paris, 1880).

C. BUSLEY, — *Die schiffsmaschinen* (Lipsius et Tischer, Kiel, 1883-1886).

REULEAUX, traduit de l'allemand par DEBIZE. — *Le constructeur* (Savy, Paris, 1889).

C. BUSLEY. — *Die entwichelung der schiffsmaschine in den letzen jahrzehnten* (Lipsius et Tischer, Berlin, 1889).

BLAHA. — *Steuerungen der dampfsmaschinen* (Julius Springer, Berlin, 1890).

HALSEY. — *Slide valve gears* (van Nostrand and Cl, New-York, 1890).

WITHAM. — *A descriptive treatise on construction steam engineering* (J. Wiley, New-York, 1891).

SINIGAGLIA, traduit de Vitalien par de Billy. — *La machine à vapeur* (Doin, Paris, 1890).

Table des Matières

SCIENCES & TECHNIQUES

www.decoopman.com

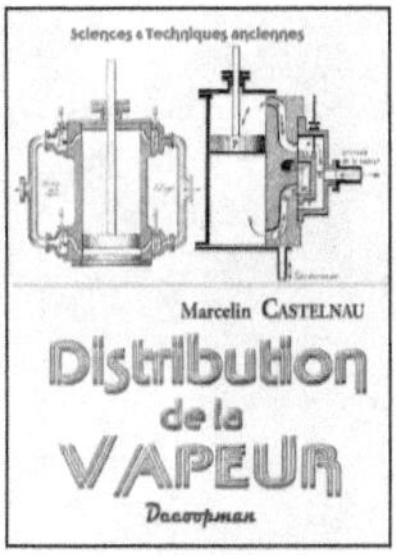

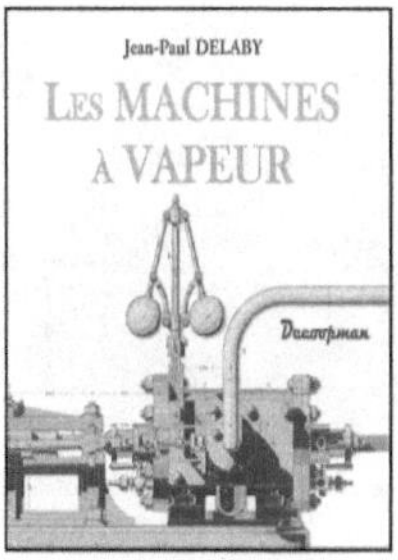

Éditions Decoopman - Ferrières - 30440 Saint-Laurent-le-Minier
Tel: +33 (0) 4.67.73.90.95 - web: www.decoopman.com - e.mail: editions@decoopman.com
Catalogue gratuit sur simple demande

Sciences & Techniques

www.decoopman.com

Éditions Decoopman - Ferrières - 30440 Saint-Laurent-le-Minier
Tel : +33 (0) 4.67.73.90.95 - web : www.decoopman.com - e.mail : editions@decoopman.com
Catalogue gratuit sur simple demande

www.ingramcontent.com/pod-product-compliance
Lightning Source LLC
LaVergne TN
LVHW100409061026
849522LV00003B/831
* 9 7 8 2 9 1 7 2 5 4 2 2 6 *